高等院校计算机任务驱动教改教材

信息技术

孙国坤 李焱 主编

王义伟 李晓燕 徐丽丽 苏文芳 杨益梅 副主编

U0360837

清华大学出版社

北京

内 容 简 介

本书以模块化的方式进行编写,旨在为读者提供全面的信息技术基础知识,并展示如何将这些知识应用于实践中。

本书以任务为驱动,主要内容包括 WPS 文字文档处理、WPS 表格文档处理、WPS 演示文稿处理、信息检索、新一代信息技术概述、信息素养与社会责任。本书提供了大量的实践案例和实践练习,能够帮助读者更好地理解和应用信息技术,同时提供案例描述和能力拓展,用于激发读者对"信创"的兴趣和热情,以培养他们在信息技术应用中的创新意识和能力。

本书可以作为高职高专和应用型本科计算机相关专业的教学用书,也可以作为相关从业人员的学习参考用书。

图书在版编目(CIP)数据

信息技术 / 孙国坤,李焱主编. -- 北京:清华大学出版社,2025.1.

(高等院校计算机任务驱动教改教材). -- ISBN 978-7-302-67982-0

Ⅰ. TP3

中国国家版本馆 CIP 数据核字第 2025RN5841 号

责任编辑:颜廷芳
封面设计:刘 键
责任校对:刘 静
责任印制:沈 露

出版发行:清华大学出版社
      网 址:https://www.tup.com.cn,https://www.wqxuetang.com
      地 址:北京清华大学学研大厦 A 座   邮 编:100084
      社 总 机:010-83470000   邮 购:010-62786544
      投稿与读者服务:010-62776969,c-service@tup.tsinghua.edu.cn
      质量反馈:010-62772015,zhiliang@tup.tsinghua.edu.cn
      课件下载:https://www.tup.com.cn,010-83470410
印 装 者:大厂回族自治县彩虹印刷有限公司
经 销:全国新华书店
开 本:185mm×260mm   印 张:13.5   字 数:321 千字
版 次:2025 年 1 月第 1 版   印 次:2025 年 1 月第 1 次印刷
定 价:49.00 元

产品编号:104790-01

前　言

在全球化和数字化的今天,信息技术已经成为在人们日常生活和工作中不可或缺的一部分。随着信息技术的迅猛发展,"信创"(信息技术应用创新产业)正日益成为推动社会进步和经济发展的重要力量。为了帮助读者更好地理解和掌握"信创"的知识,编者根据《教育部高等职业教育专科信息技术课程标准(2023年版)》编写了本书。本书深入剖析了信息技术的基础内容,旨在帮助读者掌握信息技术的基本技能,并在实际生活中进行充分应用。本书包括以下6个单元。

(1) WPS文字文档处理(建议学时:14～20时),主要介绍文档的创建、编辑和格式设置等基础知识。

(2) WPS表格文档处理(建议学时:13～20时),主要通过对表格数据的整理、分析和呈现,让读者掌握数据处理的基本技能。

(3) WPS演示文稿处理(建议学时:13～20时),主要主要介绍如何制作高效的演示文稿,提升读者的汇报和演讲能力。

(4) 信息检索(建议学时:3～4时),主要指导读者如何有效地检索和评估信息。

(5) 新一代信息技术概述(建议学时:3～4时),主要主要介绍人工智能、大数据、云计算等新一代信息技术的基本概念和应用。

(6) 信息素养与社会责任(建议学时:2～4时),主要强调信息技术使用的伦理和社会责任。

本书在编写过程中,首先,编者特别关注了创新和创业教育改革的重要性,并将这些元素融入书中。编者希望通过对本书的学习能够帮助读者培养创新能力和创业精神,让他们运用理论知识解决实际问题,以更好地提高就业竞争力、培养综合素质,同时实现社会创新和创业活动。

其次,本书充分贯彻党的二十大精神,并将其融入教学和学习中,使本书不仅具有理论指导意义,而且具有实践指导意义。通过对本书的学习,相信无论是初学者还是已经有一定基础的学习者,都能从中受益。期待有更多的读者通过对本书的阅读和学习,在信息技术的道路上迈出更坚实的步伐。

由于编者水平有限,书中难免有疏漏之处,请读者批评、指正。

编　者

2024年10月

前 言

目　录

单元 1　WPS 文字文档处理

任务 1.1　定位你需要的工具: 用 WPS 制作个人简历报名学生会面试

✿ 案例描述

为参加校园学生会纳新,你打算使用 WPS 文字制作个人简历。为此,你需要先熟悉 WPS 文字界面布局及工具位置,以便快速完成简历。

✿ 素质目标

(1) 坚持学习和探索的精神,不断提升自己的技能和知识水平,以适应快速发展的数字化时代。

(2) 弘扬创新意识,善于运用科技工具和软件来解决实际问题,提高工作效率和质量。

✿ 学习目标

(1) 熟悉 WPS 文字的界面布局,包括菜单栏、工具栏、编辑区域等。

(2) 掌握常用工具的功能和使用方法,如字体、段落、插入图片等。

(3) 学会使用快捷键和搜索功能来快速定位和使用工具。

✿ 操作步骤

1. 打开 WPS 文字

打开计算机,找到桌面上的 WPS Office(以下简称 WPS)文字图标,双击图标打开 WPS 文字,新建一个文字文档。WPS 图标如图 1.1 所示。

2. 熟悉 WPS 文字界面布局

标题栏：位于 WPS 文字窗口顶部,显示文档名称和窗口控制按钮(最小化、最大化、关闭)。

快速访问工具栏：位于标题栏下方,包含常用工具,如新建、保存、撤销、重做等。

图 1.1　WPS 图标

功能区：位于快速访问工具栏下方,包括字体、段落、页面布局等功能选项卡及其工具按钮。

文档编辑区：位于中央,用于显示和编辑文档,可输入文字、插入图片、设置格式等。

状态栏：位于窗口底部,显示文档的字数、页数、插入模式等信息。

WPS 文字界面布局如图 1.2 所示。

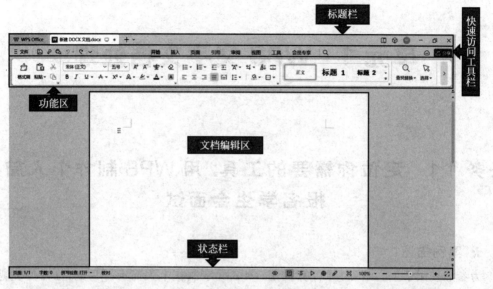

图 1.2　WPS 文字界面布局

3. 制作个人简历

要制作如图 1.3 所示的个人简历,需要进行如下操作:单击快速访问工具栏"文件"→"新建"→"空白文档"(如已新建请忽略此步骤)。在文档编辑区开始编写个人简历。

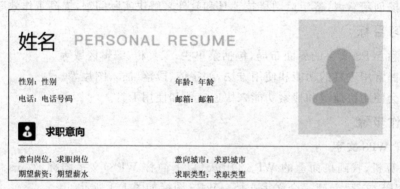

图 1.3　个人简历

功能区中的字体工具,如字体样式(加粗、倾斜、下画线)、字体大小和字体颜色等,可以调整文字的外观。

功能区中的段落工具可以设置文本的对齐方式(左对齐、居中、右对齐)、行间距、首行缩进等,让你的简历更具有结构性和可读性。

WPS 文字中的字体格式设置和段落格式设置功能,如图 1.4 所示。

功能区中的插入图片工具,可以将选择的照片文件插入文档中合适的位置。通过调整照片的大小和位置,使其与你的简历内容协调一致,如图 1.5 所示。

当完成简历的撰写和编辑后,单击快速访问工具栏上的"保存"按钮,可将简历保存到指定的位置,如图 1.6 所示。

图 1.4　字体格式设置和段落格式设置

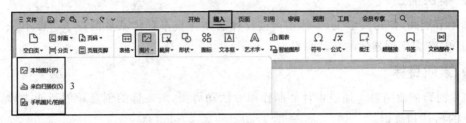

图 1.5　插入图片设置

图 1.6　"保存"按钮

4. 快速定位工具和快捷键的使用

如果不知道某个功能在哪个工具栏中，可以使用菜单栏上的搜索功能。在搜索框中输入要查找的功能，相关工具按钮就会显示在搜索结果中。单击搜索结果即可跳转到相应的功能。搜索功能框如图 1.7 所示。

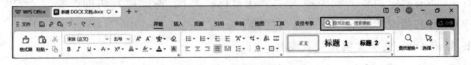

图 1.7　搜索功能框

另外，WPS 文字还支持许多快捷键操作，可以更快地定位和使用工具。例如，Ctrl＋B组合键可以将选中文字设置为粗体，Ctrl＋I 组合键可以将选中文字设置为斜体，Ctrl＋U组合键可以给选中文字添加下画线等。

✿ 操作技巧

(1) 熟练使用快捷键能提升工作效率，菜单栏有快捷键提示，可快速操作工具。

(2) 当不熟悉或不清楚如何使用工具时，可单击"文件"→"帮助"，寻求帮助和指导。

✿ 能力拓展

拓展 1：请列举 WPS 文字界面中的三个主要区域，并简要描述它们的功能。

拓展 2：通过搜索功能，在 WPS 文字中查找并使用"插入图片"工具。

拓展 3：找到对应按键，将选中的文本字体设置为加粗样式。

任务 1.2 端午安康：用 WPS 文字排版海报宣传家乡的粽子

❀ 案例描述

端午节期间，作为大学生，你计划通过设计制作海报来宣传家乡的粽子。接下来，我们将利用 WPS 文字创建你的活动海报。

❀ 素质目标

（1）创新创业精神。通过设计和制作商业活动海报，展现你的创意和创新能力，培养创新创业的精神和意识。

（2）团队合作精神。制作商业活动海报需要团队合作，这能培养团队合作精神和协作能力，实现共同目标。

（3）社会责任感。在商业活动海报中传达积极向上的信息和价值观，弘扬社会责任感，促进社会的可持续发展。

❀ 学习目标

（1）理解商业活动海报的重要性和应用场景。

（2）掌握使用 WPS 文字进行海报设计和制作的基本步骤。

（3）学会运用文档编辑和排版工具，提升海报的美观度和吸引力。

❀ 操作步骤

1. 确定海报主题和目标

首先，需要确定商业活动海报的主题和目标。其次，考虑要宣传的产品、服务或活动，并明确传达的信息和吸引目标受众的方式。

2. 新建 WPS 文字文档并插入图片

打开 WPS 文字，新建一个空白文档。单击"插入"→"图片"→"本地图片"，找到并插入准备好的素材图片，如图 1.8 所示。调整图片的大小使其与页面相符，如图 1.9 所示。

图 1.8 插入本地图片

图 1.9　调整图片的大小与页面相符

3. 插入文本框和输入文本内容

单击"插入"→"文本框",方向为"横向"或"竖向",如图 1.10 所示。在文本框中输入文本"浓情粽香",初步将文本框放置在月亮上的一个大概位置,如图 1.11 所示。

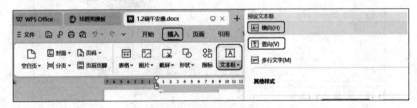

图 1.10　插入文本框

图 1.11　文本框初步位置

5

4. 设置文本样式

选中"浓情粽香"四个字,设置字体大小为"初号",字体为"汉仪粗圆简"。将光标移动到"浓情粽香"四个字上单击,选择"无填充颜色"和"无边框颜色",如图 1.12 所示。设置完成后,根据视觉效果调整文本框的位置,在月亮上找一个合适的位置,必要时插入空格或回车,使"浓情粽香"在海报中更加美观,如图 1.13 所示。

图 1.12　设置文本样式

5. 使用颜色和更多的字体

选择适合主题和目标的颜色方案,并保持一致性。使用不同的字体来突出重要信息,并确保字体的可读性。整理格式,确保视觉效果最佳,如图 1.14 所示。

图 1.13　文本框位置最终调整

图 1.14　整理格式后效果

6. 保存和分享

完成海报设计后,保存文档并导出为 PDF 或图片格式。可以通过打印海报或在社交媒体、网站上分享进行宣传,如图 1.15 所示。

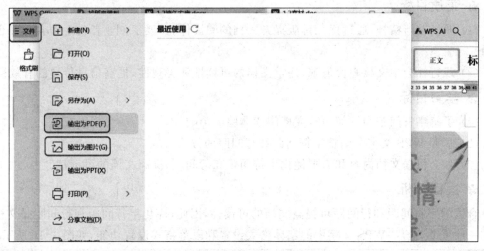

图 1.15　保存和分享

✿ 操作技巧

(1)简洁明了。海报上的文本要简洁明了,尽量使用简短的句子和关键词来吸引目标受众的注意力。

7

（2）图片质量。选择高质量的图片,确保它们清晰、鲜艳,并与海报的主题相符。

（3）色彩搭配。选择合适的颜色搭配,要传达出与商业活动相符的氛围和情感。

（4）字体选择。选择易读且与主题相配的字体,避免使用过多不同的字体。

（5）对齐和间距。要确保文本、图片和图标对齐并且间距一致,使海报整体看起来更加整洁和专业。

❀ 能力拓展

拓展 1：选择一个商业活动主题,并使用 WPS 文字制作一张海报。海报需包括适当的文本内容、图片和图标,并注意布局和排版的美观度。

拓展 2：分析你设计的商业活动海报的优点和需要改进之处,并提出至少两种改进措施,以进一步提升海报的效果和吸引力。

拓展 3：思考商业活动海报对于推广和宣传的重要性。列举至少两个场景或情境,说明商业活动海报在这些情况下的应用价值和作用。

任务 1.3　优化商业计划书的字符间距与行间距: 提升阅读体验

❀ 案例描述

假设你是一个创业者,准备制作商业计划书来展示你的创业想法和商业模式。商业计划书要求清晰、易读,能够吸引投资者和合作伙伴。接下来,我们将通过调整字符间距和行间距来优化商业计划书的阅读体验。

❀ 素质目标

（1）弘扬创新精神,通过优化排版提升文档的阅读体验,展示创业者的专业素养和创新能力。

（2）践行社会主义核心价值观,注重文档的可读性和美观性,提高信息传递的有效性。

❀ 学习目标

（1）了解字符间距和行间距对文档阅读体验的影响。

（2）掌握 WPS 文字中调整字符间距和行间距的方法。

（3）学会根据文档内容和需求优化字符间距和行间距,提高文档的可读性。

❀ 案例分析

合适的字符间距和行间距可提高文档的可读性,因此,优化字符间距和行间距是文档排版的一项重要内容。WPS 文字中的字体格式设置和段落格式设置功能,如图 1.16 所示。

图 1.16　字体和段落格式设置

❉ **操作步骤**

1. 打开 WPS 文字，并导入商业计划书的内容

单击菜单栏"文件"→"打开"，找到"贫困助农商业计划书"保存路径，打开"贫困助农商业计划书"，如图 1.17 所示。

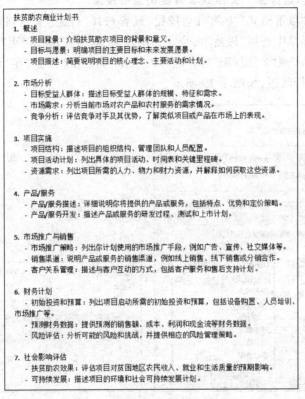

图 1.17　"贫困助农商业计划书"文档

2. 字符间距设置，选择整个文档或者需要调整的段落

单击"开始"→"字体格式"中的启动按钮，或者在段落上右击，在弹出的快捷菜单中选择"字体"命令，在弹出的"字体"对话框中单击"字符间距"选项卡，如图 1.18 所示。

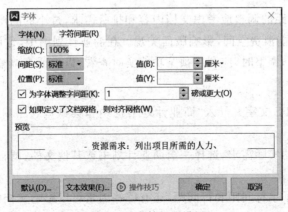

图 1.18　字符间距设置

3. 在弹出的"字符间距"选项卡中,选择调整字符间距的方式

可以选择"标准""紧凑"或"宽松"调整字符间距,也可以手动输入具体数值来自定义间距。根据文档的需求和个人喜好,适当调整字符间距,使文本看起来舒适、易读。"贫困助农商业计划书"的字符间距选择"标准"。

4. 行间距设置,选择整个文档或者需要调整的段落

单击"开始"→"段落格式"中的启动按钮,或者选择"行距"下拉列表,或者在段落上右击,在弹出的快捷菜单中选择"段落"命令,打开"段落"对话框,在"行距"下拉列表中选择"单倍行距""1.5 倍行距"或"2 倍行距"等;也可以选择"固定值"命令,在"设置值"中手动输入具体数值来自定义行间距,如图 1.19 所示。

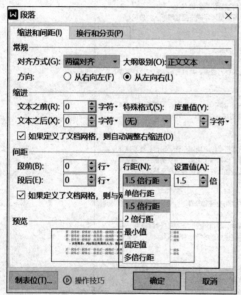
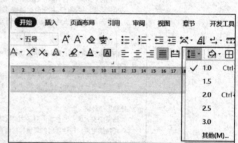

图 1.19　行间距设置

根据文档的排版需求,适当调整行间距,使文本看起来整齐、清晰。"贫困助农商业计划书"的行间距选择"1.5 倍行距"。

✿ **操作技巧**

字符间距和行间距的调整应考虑文档内容和排版需求,过小的间距可能导致文字拥挤,不易阅读;过大则可能浪费空间,影响版面美观。在商业计划书中,建议使用标准的间距以保持专业性和可读性,调整时,应利用预览功能实时查看,以作适当调整。

✿ **能力拓展**

拓展 1:打开 WPS 文字并导入"商业计划书提纲",尝试调整字符间距和行间距,找到最适合的排版效果。

拓展 2:根据你的实际需求,选择一篇商业计划书或其他文档,调整字符间距和行间距,优化文档的阅读体验。

拓展 3:思考除了字符间距和行间距,还有哪些因素可以影响文档的阅读体验?请至少列举三个,并简要说明其影响。

任务 1.4　用制表位与格式刷整理文档: 优化格式处理方法

❋ 案例描述

在任务 1.1 中,我们制作了个人简历,但在练习时,对文档做了下画线和加粗操作后,文档可能会变得杂乱无章,且统一修改起来相当麻烦。此外,为了实现简历内容的左右对齐,需要频繁按空格键,这也增加了编辑的复杂度。接下来我们将专门解决这些问题。

❋ 素质目标

(1) 弘扬求真务实精神,利用制表位和格式刷功能简化简历制作,提升效率和准确性。

(2) 实践工匠精神,关注细节和品质,使简历更清晰有序,准确展示求职者情况。

(3) 坚持诚信守法,确保简历中的数据真实合规。

❋ 学习目标

(1) 理解制表位和格式刷的功能及使用场景。

(2) 掌握制表位和格式刷的操作方法,提高文档格式整理的效率。

(3) 学会使用制表位和格式刷整理文档,使得内容更加清晰有序。

❋ 操作步骤

1. 打开文档

打开 WPS 文字,并打开想要整理的文档,如图 1.20 所示。

图 1.20　个人简历

2. 理解制表位的功能和使用场景

制表位是一种用于对齐文本和数字的功能,可以使文字或数字在表格中对齐。制表位常用于列对齐,如制作表格、调整段落的缩进等。

3. 设置制表位

在文档编辑区选中想要进行列对齐操作的文本或数字。单击"开始"→"段落"→"制表位",在展开的制表位窗口中选择合适的对齐方式,如左对齐、右对齐、居中对齐等。也可以通过单击制表位窗口中的"制表位设置"选项来进一步调整制表位的位置和对齐方式。制表位按钮及窗口如图 1.21 所示。

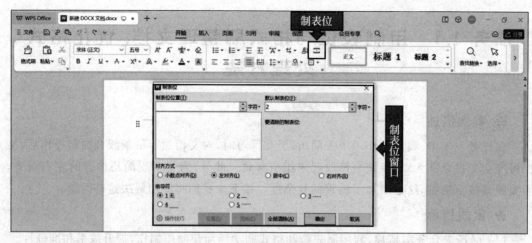

图 1.21　"制表位"按钮及窗口

4. 应用制表位

在文档编辑区需要进行列对齐的位置按 Tab 键,每按一次 Tab 键,文本或数字就会根据设定的制表位对齐。如果需要对齐的文本或数字较长,可以通过调整制表位的位置来使整体对齐。

5. 理解格式刷的功能和使用场景

格式刷是一种快速复制和应用格式的功能,可以将一个文本、段落或整个文档的格式应用到其他位置。格式刷常用于统一修改文档的格式,如文字的字体、大小、颜色等。"格式刷"按钮如图 1.22 所示。

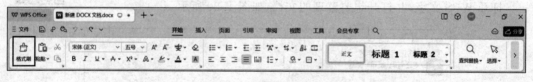

图 1.22　"格式刷"按钮

6. 复制格式

在文档编辑区选中一个已经设置好格式的文本、段落或整个文档。单击"开始"→"剪贴板"→"格式刷",鼠标指针会变成一个刷子形状,在需要应用相同格式的位置单击或拖动鼠标选中一段文本,即可将之前选中的文本的格式应用到新位置的文本上。

7. 清除格式

如果需要清除某个位置的格式,可以先选中该位置的文本。单击"开始"→"字体"→"清除格式",选中的文本格式将被清除。"清除格式"按钮如图 1.23 所示。

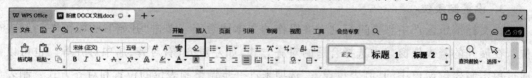

图 1.23　"清除格式"按钮

8. 优化格式处理方法

要使简历内容左右对齐需要按很多空格键,此时,可以使用制表位来进行对齐操作,避免使用空格键。文档中格式混乱,可以使用格式刷来统一修改文档的格式,提高整理效率。

✿ **操作技巧**

(1) 避免过度使用制表位。使用制表位可以使文本对齐,但过度使用可能导致文档布局混乱,难以维护,因此,应仅在需要对齐的地方使用,以保持布局简洁。

(2) 格式刷的局限性。格式刷虽方便但只复制文本格式,不包括其他属性(如超链接、列表等),使用时需确保文本的其他属性也符合要求,并进行调整。

(3) 测试和预览。在使用制表位或格式刷前,建议先对文本进行预览和测试,以确保应用效果符合预期,减少后续调整。

✿ **能力拓展**

拓展 1:列举三个使用制表位的场景,并解释为什么使用制表位会更加方便和有效。

拓展 2:如果你需要将一个已经设置好格式的标题应用到其他位置,你会选择使用制表位还是格式刷?请说明你的理由。

拓展 3:为了优化简历内容,使文档左右对齐,我们可以使用制表位进行操作。请说明具体的步骤,包括如何设置制表位和如何应用制表位来实现对齐操作。

任务 1.5　在会议纪要中恰当使用回车符与换行符:提高信息呈现效果

✿ **案例描述**

假设你是公司的行政助理,负责撰写会议纪要,学会合理使用回车符和换行符能提高会议纪要的清晰度和易读性。下面我们将使用回车符和换行符提高信息呈现效果。

✿ **素质目标**

(1) 弘扬求真务实的精神。根据实际需求使用回车符和换行符,提高会议纪要的真实性和准确性。

(2) 培养注重细节的意识。合理使用回车符和换行符可以增强会议纪要的可读性,提升工作质量和效率。

(3) 践行团结协作的价值观。通过恰当使用回车符和换行符,增强会议纪要的清晰易读性,促进团队协作和沟通。

✿ **学习目标**

(1) 理解回车符和换行符在会议纪要中的作用和使用场景。

(2) 掌握合理使用回车符和换行符的技巧,提高会议纪要的可读性。

(3) 避免滥用回车符和换行符,保持会议纪要的整体结构和连贯性。

❈ 操作步骤

1. 显示回车符与换行符

为直观了解回车符与换行符,首先要确保当前回车符与换行符为已显示状态。

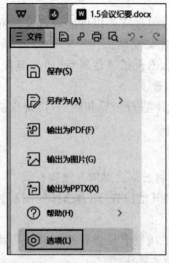

图1.24 "文件"中的"选项"

打开 WPS 文字,选择"文件"→"选项",如图1.24所示。

打开"选项"对话框,选择"视图"选项,在"格式标记"中勾选"段落标记"复选框并单击下方的"确定"按钮,如图1.25所示。

设置成功后,单击回车键时,会出现回车符号"↵"。

2. 使用回车符分隔不同段落

在会议纪要中,不同主题或者不同议题可以使用回车符分隔成不同的段落,这样做可以使得每个段落的内容更加清晰,方便阅读和理解。

3. 增加段落之间的空白行

在会议纪要中,使用回车符可以在段落之间增加空白行,使得不同段落之间有一定的间隔,这样做可以帮助读者更好地区分不同的内容,提高阅读效果。

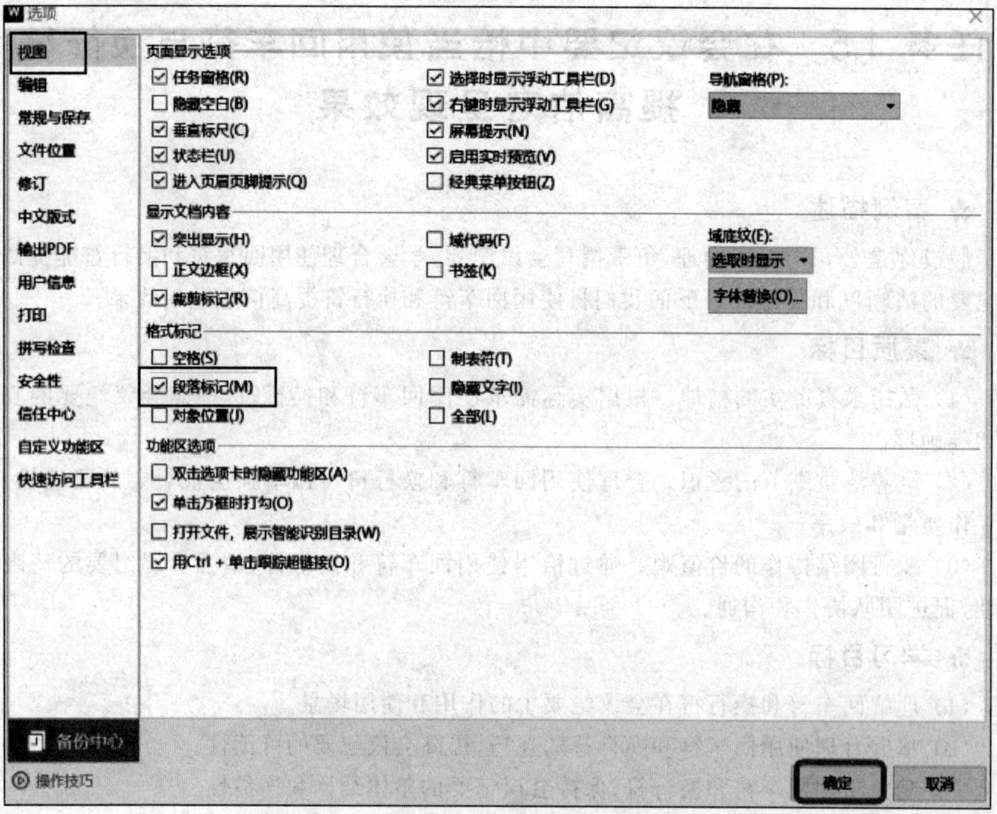

图1.25 "选项"对话框

14

4. 使用换行符进行内容换行

在同一个段落内，当一行的内容过长时，可以使用换行符"↓"将内容分成多行显示，这样做可以避免一行文字过长导致排版混乱，同时也可以提高可读性，如图 1.26 所示。

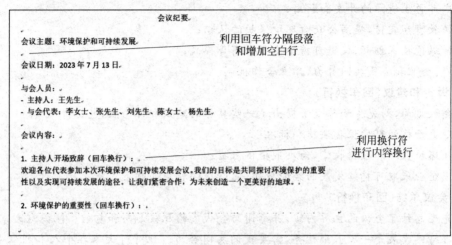

图 1.26　回车符和换行符在会议纪要中的使用

 案例展示

会 议 纪 要

会议主题：环境保护和可持续发展

会议日期：2023 年 7 月 13 日

与会人员：
主持人：王先生
与会代表：李女士、张先生、刘先生、陈女士、杨先生

会议内容：

1. 主持人开场致辞（回车换行）

欢迎各位代表参加本次环境保护和可持续发展会议。我们的目标是共同探讨环境保护的重要性以及实现可持续发展的途径。让我们紧密合作，为未来创造一个更美好的地球。

2. 环境保护的重要性（回车换行）

李女士在会上发表了一次关于环境保护的演讲。她强调了保护环境对于人类的生存和健康的重要性，并提出了以下几点：

减少污染排放，包括工业废气和废水的处理；

提倡循环经济，促进资源的可再利用；

保护生物多样性，保护濒危物种；

推广清洁能源的使用。

3. 可持续发展的途径（回车换行）

张先生分享了他的见解，认为可持续发展是实现环境保护的关键。他提出了以下几个途径：

推广可再生能源的开发和利用；

加强教育和宣传，提高公众对环境保护的认识；

支持绿色技术创新，促进可持续生产和消费模式；

政府、企业和公民共同努力，建立合作机制。

4. 讨论和建议（回车换行）

在会议期间，刘先生和陈女士提出了一些具体的建议和讨论点，包括：

制定更严格的环境保护法律和标准；

加强环境监测和数据收集，为决策提供依据；

鼓励企业采取可持续发展的经营模式，同时提供相应的政策支持。

5. 会议总结（回车换行）

杨先生总结了会议的主要内容，并感谢与会代表的积极参与和贡献。他提醒大家，环境保护和可持续发展是一项长期任务，需要我们共同努力。他呼吁大家在个人和组织层面上采取行动，为环境保护和可持续发展贡献力量。

纪要结束。

回车符与换行符的应用如下。

在本次会议纪要中，回车符用于分隔不同的段落，例如在主持人开场致辞和各议题之间，而换行符则用于创建具有层次结构的内容，例如在每个议题的内容和细节之间。这样可使纪要更加清晰、易读，并能更好地突出不同议题的重要性。通过适当使用回车符和换行符，会议纪要能够更好地组织信息，使读者能够快速浏览并获取重点。

✿ 操作技巧

区分回车符与换行符，确保会议文件严谨。

✿ 能力拓展

拓展 1：请写出一个会议纪要的段落，使用回车符和换行符进行合理的排版。

拓展 2：分析过多使用回车符和换行符可能带来的问题，并提出解决方案。

拓展 3：在撰写会议纪要时，还有哪些排版技巧可以提高信息的呈现效果？请列举并简要说明。

任务 1.6　利用分页符、分节符与分栏符组织研究报告：构建清晰结构

✿ 案例描述

假设你是一名研究员，准备制作一份包含多章节的重要研究报告。下面我们使用 WPS

文字的分页符、分节符和分栏符来组织报告,以提高文档内容的呈现和可读性,特别是使用分栏符在单独一页横向展示并细分为三栏的情况。

✿ 素质目标

(1)坚持科学研究,追求真理。通过清晰的报告结构和布局,提高研究的可读性和可信度。

(2)注重实践操作,善于利用工具。通过学习并灵活运用 WPS 文字功能,提升工作效率和组织能力。

(3)培养创新思维,注重细节。在组织研究报告时,细致处理细节,使报告更完整和精确。

✿ 学习目标

(1)理解分页符、分节符和分栏符的作用及其使用场景。

(2)掌握在 WPS 文字中插入分页符、分节符和分栏符的方法,以及设置分节和分栏属性。

(3)学会使用分页符、分节符和分栏符组织研究报告,尤其是横向页面设置和内容展示,确保报告结构清晰。

✿ 案例分析

使用分页符、分节符和分栏符将研究报告划分为多章节和子章节,每节开头插入标题,可以增强报告结构的清晰度,便于读者查找信息。掌握"插入"选项卡中的"分页"命令和"页面布局"选项卡中的"分隔符""分栏"命令设置,如图 1.27 所示。

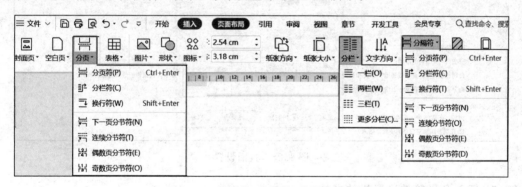

图 1.27　分页符、分栏符、分隔符设置

✿ 操作步骤

1. 打开文档

在 WPS 中打开"研究报告"文档。

2. 插入分页符

将光标置于需要插入新一页的位置,单击"插入"→"分页"→"分页符",WPS 文字会在当前位置插入一个新页,用于分隔不同的章节或主题,如图 1.27 所示。

例如,在"研究报告"中插入"分页符"命令,可使每一节的内容成为独立的部分,在后期的文档处理和排版中互不干扰。

3. 插入分节符并设置节的属性

将光标置于需要插入分节符的位置,单击"页面布局"→"分隔符"→"分节符",文档会在当前位置插入一个分节符,如图1.27所示。分节符的作用是将一篇文章分成不同的"节",以便在同一篇文章中实现不同的页面设置、纵横页混排、不同的页眉页脚等。

单击"页面设置"中的启动器按钮,在弹出的"页眉设置"对话框中,可以设置每个节的页眉、页脚、页码等内容。例如,将"研究报告"中"操作要求"部分内容插入"分节符",并将该部分页面设置为横向。

4. 进行横向展示

在插入分节符后,将光标放在新的节中,单击"页面布局"选项卡,单击"页面设置"中的启动器按钮。在弹出的"页面设置"对话框中选择"横向",单击"确定"按钮,即可将当前的页面设置为横向,如图1.28所示。

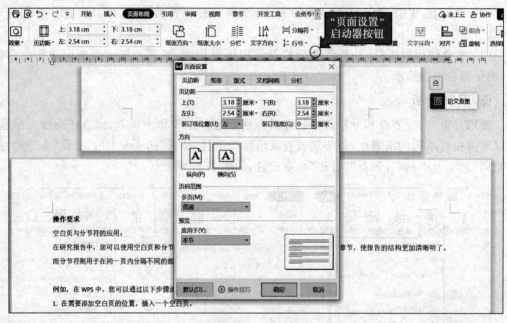

图1.28　页面设置

5. 插入分栏符并设置栏的属性

在需要分栏的横向页面中,单击"页面布局"→"分栏",如图1.27所示,在下拉列表中选择"三栏"命令,则文本内容被分成三栏,如图1.29所示。

选择"更多分栏"命令,弹出"分栏"对话框,可以对当前页面分栏进行设置,包括预设栏数、宽度和间距等,如图1.30所示。

❋ 操作技巧

(1)在插入分页符、分节符和分栏符之前,建议先规划好研究报告的结构和章节划分。

(2)在设置节和栏的属性时,要预览每个节或栏的效果,确保设置正确。

(3)可以使用不同的样式和格式来区分不同的章节和子章节,使报告可读性更强。

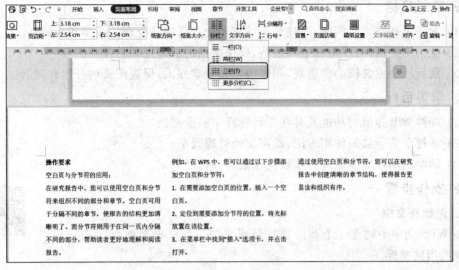

图 1.29　分栏设置

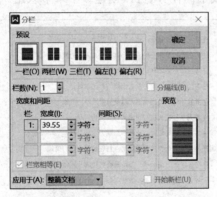

图 1.30　"分栏"对话框

❋ 能力拓展

拓展 1：在你的研究报告中，使用分页符、分节符和分栏符来划分不同的章节和子章节。

拓展 2：在你的研究报告中找到一个适合横向展示的数据页，使用分节符并通过页面设置进行页面方向的切换，然后使用分栏符。

任务 1.7　章节导航在项目管理中的应用：高效查找关键信息

❋ 案例描述

假设你是广告公司的项目经理，管理多个项目的进度和资源，每个项目都涉及大量文档和资料管理。本任务内容为 WPS 文字的"章节导航"功能在项目管理中的应用。

19

❋ 素质目标

（1）发扬求真务实的精神，通过章节导航功能提高项目管理的效率和准确性。

（2）弘扬工匠精神，注重细节和规范，确保文档的清晰度和易读性。

（3）践行社会主义核心价值观，积极协作和分享知识，促进团队的合作和发展。

❋ 学习目标

（1）理解章节导航的功能及其在项目管理中的重要性。

（2）掌握章节导航的使用方法，提高文档管理效率。

（3）学会利用章节导航进行项目进度跟踪和资源分配。

❋ 操作步骤

1．创建新文档

在 WPS 文字中创建一个新的项目管理文档。可以根据项目的需求和规模选择适当的模板。

2．在文档中添加章节标题

根据项目的不同阶段或不同任务，可以创建多个章节来组织文档内容，如图 1.31 所示。

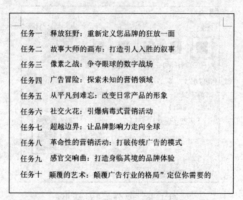

任务一　释放狂野：重新定义您品牌的狂放一面

任务二　故事大师的画布：打造引人入胜的叙事

任务三　像素之战：争夺眼球的数字战场

任务四　广告冒险：探索未知的营销领域

任务五　从平凡到难忘：改变日常产品的形象

任务六　社交火花：引爆病毒式营销活动

任务七　超越边界：让品牌影响力走向全球

任务八　革命性的营销活动：打破传统广告的模式

任务九　感官交响曲：打造身临其境的品牌体验

任务十　颠覆的艺术：颠覆广告行业的格局"定位你需要的

图 1.31　项目管理文档

3．使用样式设置章节标题

通过在章节标题上应用样式，可以使标题在章节导航中以特定的格式显示，如图 1.32 所示。

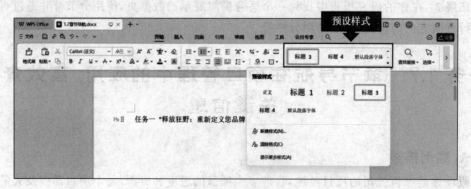

图 1.32　标题样式

4. 打开章节导航窗格

在 WPS 文字的工具栏中,单击"视图"→"导航窗格"下三角按钮,在弹出的下拉列表中可以选择导航窗格的显示位置,如图 1.33 所示。

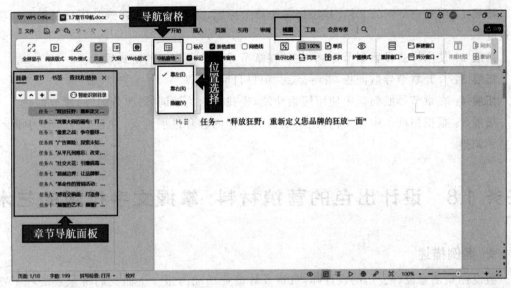

图 1.33　导航窗格

5. 导航到指定章节

在章节导航面板中,可以看到文档中所有的章节标题。通过单击相应的章节标题,可以快速跳转到该章节。

6. 查找关键信息

在章节导航面板中,还可以使用搜索功能来查找文档中的特定关键词或短语。输入关键词并单击"查找"按钮,章节导航将会显示包含该关键词的章节标题。"查找和替换"窗口如图 1.34 所示。

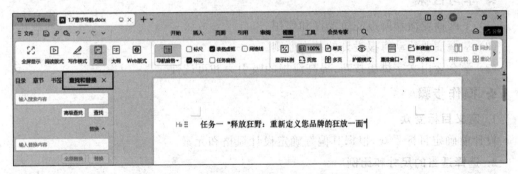

图 1.34　导航窗格中的查找与替换

使用章节导航可以轻松记录和调整项目的内容和进展,跟踪项目进度和资源分配。

✿ 操作技巧

(1) 章节导航适合管理大型文档或项目,小型文档或简单任务可能不需要。

（2）使用章节导航时，应正确设置和命名章节标题，便于快速定位和查找。

（3）章节导航仅限于文档内部查找和定位，不支持跨文档搜索。

❋ 能力拓展

拓展 1：创建一个新的文档，并添加三个章节标题，分别为"项目背景""项目目标"和"项目进度"。

拓展 2：使用样式设置章节标题，使其在章节导航中以特定的格式显示。

拓展 3：打开章节导航面板，并导航到"项目目标"章节。

拓展 4：在章节导航面板中使用搜索功能，查找包含关键词"资源分配"的章节标题。

拓展 5：根据拓展 1 中的文档，记录项目的具体内容和进展情况，并在每个章节中进行更新和调整。

任务 1.8　设计出色的营销材料：掌握文字排版的艺术

❋ 案例描述

假设你是创意设计公司的设计师，负责设计商业活动海报。下面我们将家乡的粽子宣传海报转化为优秀的营销海报，并掌握文字排版技术，以增强海报的吸引力和可读性。

❋ 素质目标

（1）提倡创新创意。在设计海报时，积极尝试新的设计元素和方式，提升设计的吸引力和表达能力。

（2）弘扬团队合作精神。设计通常需与市场和销售团队等合作，强调团队协作，以达到更佳设计效果。

（3）倡导社会责任。设计时传递正能量和社会责任感，避免不当内容，传递积极信息。

❋ 学习目标

（1）了解商业活动海报的重要性和作用。

（2）掌握商业活动海报设计的基本原则。

（3）学会运用文字排版技巧，提高海报的吸引力和可读性。

❋ 操作步骤

1. 定义目标受众

设计前确定目标受众，根据其偏好确定设计风格和元素。

2. 选择适当的尺寸和比例

根据使用场景和展示方式选择海报尺寸，如 A4、A3、A2 等。在"页面"中选择"纸张大小"确定尺寸，如图 1.35 所示。

3. 设计布局

布局要简洁明了，突出主要信息；重要信息需放在中心或用大字体突出；要合理安排文字和图片。

图 1.35　选择纸张尺寸

4. 选择合适的字体

选择增强视觉效果和信息传达的字体,通常选择一种主标题字体和一种正文字体,要确保与整体风格匹配。

5. 使用色彩和图像

选择适当的色彩搭配和图像增加吸引力,色彩要与品牌形象符合,避免使用过多颜色导致视觉混乱。

6. 调整字距和行距

适当调整字距和行距使文字更易读,提高整体美感。

7. 突出关键信息

使用不同字体大小、颜色或加粗等方式突出关键信息,确保关键信息清晰传达给目标受众。

8. 审查和修改

设计完成后检查排版、文字清晰度、图像清晰度、色彩搭配等,根据反馈进行修改,确保海报符合设计要求。

美化前后的海报如图 1.36 所示。

图 1.36　美化前的海报和美化后的海报

23

❋ 操作技巧

(1) 简洁明了。设计需简洁,避免文字和图像过多造成视觉混乱。

(2) 一致性。要保持风格和色彩一致性,增强品牌形象和识别度。

(3) 可读性。要选择合适的字体、字号和行距,确保文字清晰。

(4) 引导视线。可利用布局和视觉元素引导视线,突出重要信息。

(5) 创意与创新。尝试创意和创新设计元素,吸引目标受众注意。

❋ 能力拓展

拓展 1:选择一个商业活动主题,设计一份商业活动海报,包括目标受众、尺寸和比例、布局、字体选择、色彩和图像等方面的设计要求。

拓展 2:从以下几个方面分析你设计的商业活动海报的优点和不足:目标受众是否清晰明确、布局是否简洁明了、字体和色彩是否搭配合理、吸引力和可读性等。

任务 1.9　Ctrl+组合键在日常办公中的高效应用: 提升工作效率

❋ 案例描述

假设你是大型企业的办公人员,每天需处理众多文档和数据,熟练使用 WPS 文字的组合键能显著提升你的工作效率。通过按住键盘上的 Ctrl 键并同时按下其他键,可以执行特定的操作,快速完成任务,节省时间和精力。

❋ 素质目标

(1) 发扬求真务实的精神,通过学习和掌握 Ctrl+组合键,提高工作效率。

(2) 弘扬工匠精神,追求卓越,不断探索和运用新的技能和工具,提高自身的专业水平。

❋ 学习目标

(1) 理解 Ctrl+组合键的概念和作用。

(2) 掌握常用的 Ctrl+组合键,提高文档处理和数据操作的效率。

(3) 学会自定义 Ctrl+组合键,根据个人需求进行定制化设置。

❋ 操作步骤

1. Ctrl+N 组合键:新建

打开 WPS 文字,然后使用 Ctrl+N 组合键新建一个空白文档,此时会看到一个全新的、空白的文档页面出现,如图 1.37 所示。

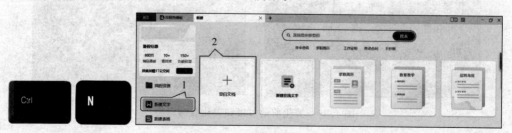

图 1.37　Ctrl+N 组合键:新建

2. Ctrl＋C 组合键：复制

在空白文档中输入"Ctrl＋组合键在日常办公中的高效应用：提升工作效率"，然后选中这段文字并按 Ctrl＋C 组合键复制这段文字，此时这段文字已经被复制到剪切板上。

3. Ctrl＋V 组合键：粘贴

在文档中移动光标到想要粘贴文本的位置，然后按 Ctrl＋V 组合键（见图 1.38）粘贴刚刚复制的文字，此时会在光标处看到刚才复制的文字被粘贴出来。

(a) Ctrl+C　　　　　　　　　　　(b) Ctrl+V

图 1.38　Ctrl＋C/V 组合键：复制与粘贴

4. Ctrl＋X 组合键：剪切

选中刚才粘贴的文字，并按 Ctrl＋X 组合剪切这段文字，此时这段文字将会从文档中消失。再次在文档中移动光标到想要粘贴文本的位置，然后按 Ctrl＋V 组合键（见图 1.39）粘贴刚刚剪切的文字，此时会在光标处看到刚才剪切的文字被粘贴出来。

(a) Ctrl+X　　　　　　　　　　　(b) Ctrl+V

图 1.39　Ctrl＋X/V 组合键：剪切与粘贴

5. Ctrl＋A 组合键：全选

使用 Ctrl＋A 组合键（见图 1.40）可全选文档中的所有内容，此时整个文档的内容都会被选中。

图 1.40　Ctrl＋A 组合键：全选

6. Ctrl＋Z 组合键：撤销

使用 Ctrl＋Z 组合键可撤销（见图 1.41）上一次的操作，此时会看到刚才的选中状态被取消，文本回到未被全选的状态。

7. Ctrl＋Y 组合键：恢复

使用 Ctrl＋Y 组合键（见图 1.41）可恢复上一次被撤销的操作，此时会看到文本又被全选了。

(a) Ctrl+Z　　　　　　　　　　　(b) Ctrl+Y

图 1.41　Ctrl＋Z/Y 组合键：撤销与恢复

8. Ctrl＋B 组合键：加粗

保持文本的选中状态,使用 Ctrl＋B 组合键(见图 1.42)可加粗字体,此时会看到选中的文本变成了粗体。

图 1.42　Ctrl＋B 组合键：加粗

9. Ctrl＋I 组合键：斜体

使用 Ctrl＋I 组合键(见图 1.43)可将选中的文字斜体化,此时会看到选中的文本变成了斜体。

图 1.43　Ctrl＋I 组合键：斜体

10. Ctrl＋U 组合键：添加下画线

使用 Ctrl＋U 组合键(见图 1.44)可给选中的文字添加下画线,此时会看到选中的文本下面添加了下画线。

图 1.44　Ctrl＋U 组合键：下画线

11. Ctrl＋L 组合键：左对齐

使用 Ctrl＋L 组合键可将文本左对齐,此时会看到文本被移到了页面的左侧,如图 1.45(a)所示。

12. Ctrl＋E 组合键：居中对齐

使用 Ctrl＋E 组合键可将文本居中对齐,此时会看到文本被移到了页面的中央,如图 1.45(b)所示。

13. Ctrl＋R 组合键：右对齐

使用 Ctrl＋R 组合键可将文本右对齐,此时会看到文本被移到了页面的右侧如图 1.45(c)所示。

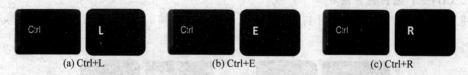

(a) Ctrl+L　　　　　　(b) Ctrl+E　　　　　　(c) Ctrl+R

图 1.45　Ctrl＋L/E/R 组合键：文本左对齐、居中对齐、右对齐

14. Ctrl＋S 组合键：保存

使用 Ctrl＋S 组合键可将当前文档保存,此时文档已经被保存,如图 1.46(a)所示。

15. Ctrl＋P 组合键：打印

使用 Ctrl＋P 组合键可打开"打印"对话框,此时可以进行打印设置并打印文档,如图 1.46(b)所示。

16. Ctrl＋G 组合键：定位

使用 Ctrl＋G 组合键可跳转到文档中的指定页码。在 WPS 中,这个组合键通常会打开"定位"功能,在此输入要定位的页码,即可跳转到指定页面如图 1.46(c)所示。

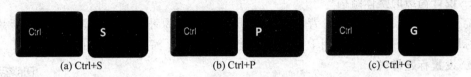

(a) Ctrl＋S　　　　　　　(b) Ctrl＋P　　　　　　　(c) Ctrl＋G

图 1.46　Ctrl＋S/P/G 组合键：文本保存、打印、跳转

❉ **操作技巧**

熟练使用常用的 Ctrl＋组合键能显著提高工作效率,建议多练习,尽量减少鼠标使用。在 WPS 文字中可以通过选择"选项"→"自定义快捷键"来设置个性化快捷键。

❉ **能力拓展**

拓展 1：练习使用 Ctrl＋C 组合键、Ctrl＋X 组合键和 Ctrl＋V 组合键对文本进行复制、剪切和粘贴。在 WPS 文字中编写文字,先复制到新位置,再剪切到其他位置,最后粘贴回原位置。

拓展 2：使用 Ctrl＋B 组合键、Ctrl＋I 组合键和 Ctrl＋U 组合键对文本进行加粗、斜体和下画线的设置。在 WPS 文字中编写文字并应用这些格式。

拓展 3：练习使用 Ctrl＋N 组合键和 Ctrl＋S 组合键进行文档的新建和保存。在 WPS 文字中新建文档,编辑文档后保存当前文档。

任务 1.10　用标题样式设计专业简历: 快速统一简历标题

❉ **案例描述**

假设你是一名应届毕业生,正准备制作一份专业简历以提高求职竞争力。本任务将通过合理设置标题级别和应用适当的样式来增强简历的结构性和可读性,以吸引雇主注意并展示你的专业能力和经验。

❉ **素质目标**

(1) 发扬求真务实精神,通过精心设计简历提升求职竞争力。

(2) 弘扬工匠精神,注重细节和专业性,展示专业能力。

(3) 践行社会主义核心价值观,保持诚实守信,以真实的简历争取就业机会。

✲ 学习目标

(1) 理解标题级别和样式设计在简历中的重要性。

(2) 掌握使用标题级别和样式设计来组织简历内容。

(3) 学会选择合适的样式和字体,提高简历的可读性和专业性。

✲ 操作步骤

1. 设计简历的整体结构

简历要包括个人信息、教育背景、工作经历等部分。为每部分设置适当的标题级别,如一级标题用于简历,二级标题用于个人信息、教育背景等。简历样例如图 1.47 所示。

2. 设置标题样式

在文档中,单击"开始"→"标题"→"新建样式"→"格式",在弹出的"新建样式"对话框中可以设置需要的标题样式。例如,字体设置为宋体,字号设置为五号,字体颜色设置为浅蓝色,其他选项可以按照需求自行设置,单击"确定"按钮,完成标题样式设置。可以新建多个标题样式,并通过命名来区分标题样式的级别,也可以在系统自带的样式基础上进行修改。标题样式字体设置如图 1.48 所示。

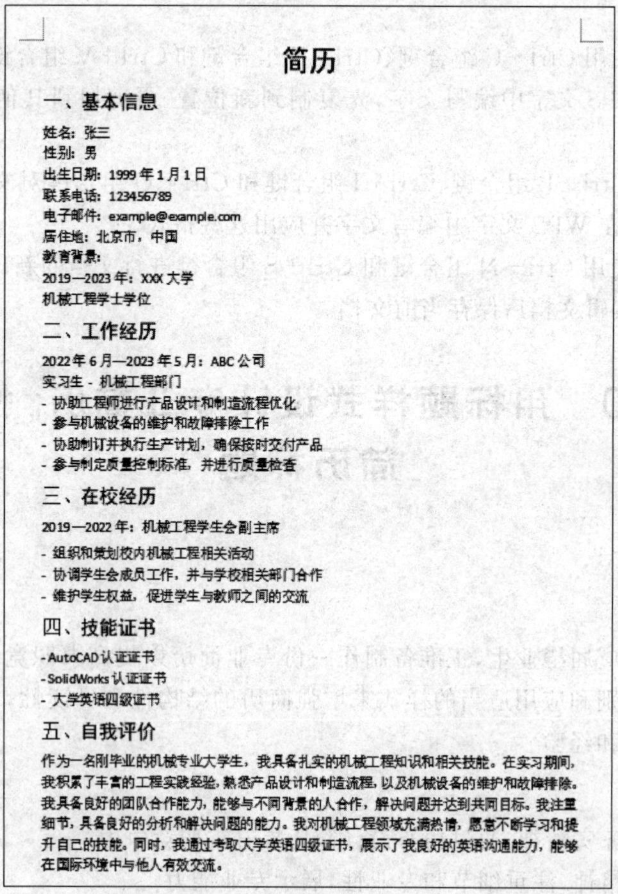

简历

一、基本信息

姓名:张三
性别:男
出生日期:1999 年 1 月 1 日
联系电话:123456789
电子邮件:example@example.com
居住地:北京市,中国
教育背景:
2019—2023 年:XXX 大学
机械工程学士学位

二、工作经历

2022 年 6 月—2023 年 5 月:ABC 公司
实习生 - 机械工程部门
- 协助工程师进行产品设计和制造流程优化
- 参与机械设备的维护和故障排除工作
- 协助制订并执行生产计划,确保按时交付产品
- 参与制定质量控制标准,并进行质量检查

三、在校经历

2019—2022 年:机械工程学生会副主席
- 组织和策划校内机械工程相关活动
- 协调学生会成员工作,并与学校相关部门合作
- 维护学生权益,促进学生与教师之间的交流

四、技能证书

- AutoCAD 认证证书
- SolidWorks 认证证书
- 大学英语四级证书

五、自我评价

作为一名刚毕业的机械专业大学生,我具备扎实的机械工程知识和相关技能。在实习期间,我积累了丰富的工程实践经验,熟悉产品设计和制造流程,以及机械设备的维护和故障排除。我具备良好的团队合作能力,能够与不同背景的人合作,解决问题并达到共同目标。我注重细节,具备良好的分析和解决问题的能力。我对机械工程领域充满热情,愿意不断学习和提升自己的技能。同时,我通过考取大学英语四级证书,展示了我良好的英语沟通能力,能够在国际环境中与他人有效交流。

图 1.47　简历样例

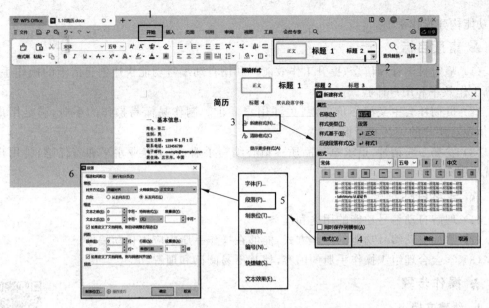

图 1.48　标题样式字体设置

3. 应用样式设计

在简历中选中小标题，应用刚创建的"样式 1"，即可看到标题格式已更新。可使用 Ctrl 键同时选择多个标题，然后应用"样式 1"，以提高效率。合理使用标题级别和样式设计不仅能让简历结构化、易读，还能突出个人的专业能力，从而吸引雇主的注意。

✿ 操作技巧

（1）保持一致性。确保简历中标题级别和样式一致，维持整体风格统一。

（2）简洁明了。避免过多文字和复杂排版，简历应简洁、突出重点。

（3）突出重点。使用恰当的样式和字体强调关键技能、项目经验和成就，吸引雇主注意。

（4）反复修改。完成后仔细检查简历，确保无拼写、语法或格式错误。

✿ 能力拓展

拓展 1：制作个人简历，根据个人信息、教育背景、工作经历等，合理使用标题级别和样式设计。

拓展 2：调整简历格式和布局，使其整洁有序，突出重点信息。

拓展 3：反复检查和修改简历，确保无错误，思考如何优化简历，提升其专业性和吸引力。

任务 1.11　自动编号在制作手册中的应用：清晰展示步骤

✿ 案例描述

假设你准备编写一份减速器的安装使用手册。本任务将在 WPS 文字中利用"自动编号"功能构建操作手册。

✿ 素质目标

（1）坚定科学管理信念，提升工作效能。利用自动编号功能快速创建清晰的操作手册，提高工作效率和用户体验。

（2）贯彻社会主义核心价值观，关注用户需求。制作易懂易操作的手册，满足用户需求，体现对用户的关怀和尊重。

（3）发扬工匠精神，追求卓越品质。精心编写手册，展示专业水平和责任感，为用户提供优质服务。

✿ 学习目标

（1）理解自动编号功能的用途和优势。

（2）掌握自动编号功能的操作方式，能够在操作手册中应用自动编号。

（3）学会合理组织操作手册的内容，使其更易阅读和理解。

✿ 操作步骤

1. 新建文档

启动 WPS 文字并创建一个新的文件。

2. 输入文件大纲

在文档中输入"减速器安装使用手册"的大纲，如图 1.49 所示。

图 1.49 "减速器安装使用手册"
　　　的大纲样例

3. 自动编号

按 Ctrl＋A 组合键选中所有文字，单击"开始"选项卡，在编号栏选择适当编号类型为文档自动编号，此时所有的标题都被设置为一级标题，如图 1.50 所示。

4. 切换子标题

选中对应二级标题的文本，如图 1.51 所示，利用 Tab 键切换为子标题，如图 1.52 所示。

✿ 操作技巧

（1）使用自动编号时，正确选择标题层级很关键。高层级标题用于主章节或大步骤，低层级标题用于子步骤或详细说明。

（2）自定义自动编号的格式、样式和缩进等，通过单击 WPS 文字中"自动编号"旁的下拉箭头可访问更多选项。

（3）撰写操作手册需保持逻辑性和清晰性，自动编号有助于内容组织，提高易读性和理解性。

✿ 能力拓展

拓展 1：使用自动编号制作简单操作手册，如电饭锅使用或家具拆装，按步骤添加自动编号。

拓展 2：探索自动编号在其他文档类型如报告、论文或演示文稿中的应用。

拓展 3：分析自动编号的优势和局限，说明其优点和可能的限制，并提出两种改善文档编号和组织结构的方法。

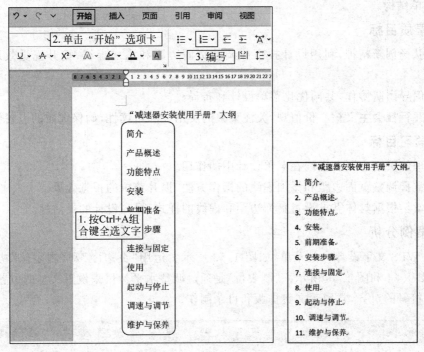

图 1.50 自动编号步骤和自动编号之后的样例

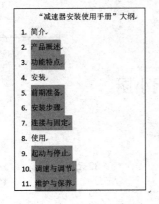

图 1.51 选中二级标题

图 1.52 将标题切换成子标题

任务 1.12 菜单设计的独门秘诀:调整边距与虚线 应用提升视觉体验

✳ 案例描述

作为设计师,你的任务是设计一份菜单。本任务我们将通过调整页面边距和使用虚线来优化菜单的视觉效果。调整页边距可增强菜单的平衡与美感,虚线则便于顾客查看价格和理解菜单结构。

✿ 素质目标

(1) 弘扬创新精神,利用设计技巧如调整页面边距和添加虚线,提升视觉效果和用户体验。

(2) 倡导团队协作,共同优化菜单设计和布局。

(3) 践行社会主义核心价值观,关注菜单的实用性和可读性,确保优质的点餐体验。

✿ 学习目标

(1) 理解页面边距和虚线在菜单设计中的作用。

(2) 掌握调整页面边距和添加虚线的操作方法,提升菜单的视觉效果。

(3) 学会根据具体需求设置页面边距和虚线的样式,提高设计的灵活性。

✿ 案例分析

使用 WPS 文字设计一份菜单,如图 1.53 所示。运用"页边距"和"制表位"功能,美化菜单,如图 1.54 和图 1.55 所示。"制表位"是通过调整水平标尺来设置文本的位置,从而实现文本和符号的对齐,常用于文案排版和目录制作。

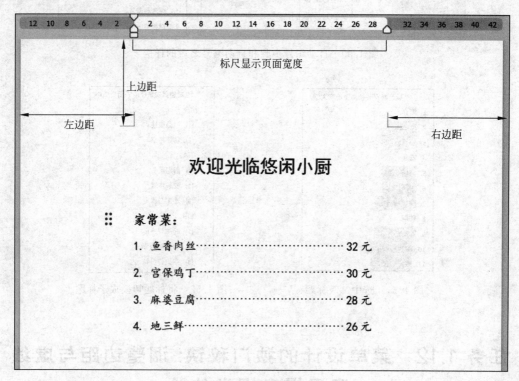

图 1.53 菜单样式

✿ 操作步骤

1. 调整页面边距

打开菜单文档,选择要调整页面边距的菜单页面或整个菜单。

单击"页面"→"页边距",可以手动输入边距数值,如图 1.54 所示;也可以在"自定义页

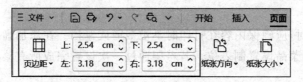

图 1.54　页边距功能

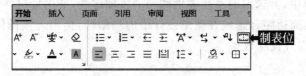

图 1.55　制表位功能

边距"中输入边距数值,如上、下、左、右四个方向均设置为 5cm,预览效果并确定最终设置。

按回车键应用页面边距的调整。

2. 添加虚线

在菜单中为每个菜品设置价格,选中菜品名称和价格。

首先要显示文档的标尺,单击"视图"选项卡,勾选"标尺",可见文档标尺所显示当前页面为 30 个字符宽度。

单击"开始"→"制表位",弹出"制表位"窗口,如图 1.56 所示。

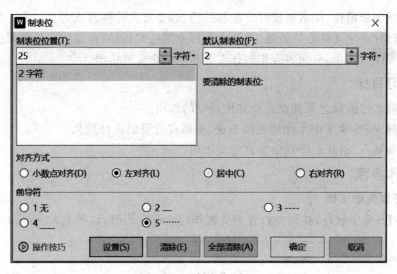

图 1.56　"制表位"窗口

在"制表位位置"中输入字符位置,如将制表位放置在标尺的第 25 个字符处。

在"对齐方式"中可以选择制表位的对齐方式,如左对齐。

在"前导符"中可以选择前导符样式,如 5……。

单击"设置"按钮或按 Tab 键,再单击"确定"按钮完成制表位设置。如果不需要已设置的制表位,单击"清除"或"全部清除"按钮即可。将光标置于菜名和价格之间,按 Tab 键,系统会自动添加虚线制表位。

✲ 操作技巧

调整页面边距时,应确保内容在打印时不被裁剪或遮挡。在添加虚线时,如果使用回车符换行,则需为每行菜品设置制表位。若希望通过一次设置完成所有菜品的虚线,应使用换行符确保格式统一。

✲ 能力拓展

拓展 1:在菜单中,为选定的菜品类别和列表添加虚线,突出价格并便于顾客查看。

拓展 2:分析页面边距和虚线在菜单设计中的局限性,指出可能的问题,并建议至少两种其他设计技巧以提升视觉效果。

任务 1.13 水印在企业宣传册中的运用:打造专业品质

✲ 案例描述

作为广告设计公司的设计师,你负责制作企业宣传册,任务包括添加和删除预设水印,以及插入自定义"企业宣传册"字样的水印。水印通常是透明的图像或文字,添加在文档背景上,用以美化和保护文档。

✲ 素质目标

(1)弘扬创新精神,探索新设计方法和技巧,为企业宣传注入活力。

(2)践行社会主义核心价值观,关注企业形象塑造和传播,传递积极价值观。

(3)培养团队协作,与同事合作制作专业品质的企业宣传册。

✲ 学习目标

(1)理解水印的概念及其在企业宣传册中的作用。

(2)掌握 WPS 文字中水印的使用方法,提高宣传册的设计效果。

(3)学会插入、删除水印及添加自定义水印。

✲ 操作步骤

1. 打开宣传册文档

启动 WPS 文字软件,找到并打开需要制作的企业宣传册,如图 1.57 所示。

企业概述:

介绍公司的背景、使命、愿景和核心价值观。

产品与服务:

突出展示公司的产品和服务优势,包括产品特点、解决方案和客户案例。

团队与专业知识:

展示公司的专业团队和专业知识。

客户见证:

展示满意客户的见证和反馈。

图 1.57 企业宣传册样本

2. 添加预设水印

单击"页面"→"水印"→"预设水印"。

3. 保存并查看效果

在添加了预设水印之后,保存文档,然后在页面预览模式下查看水印效果,如图1.58所示。

企业概述:

介绍公司的背景、使命、愿景和核心价值观。

产品与服务:

突出展示公司的产品和服务优势,包括产品特点、解决方案和客户案例。

团队与专业知识:

展示公司的专业团队和专业知识。

客户见证:

展示满意客户的见证和反馈。

图 1.58　水印效果样本

4. 删除预设水印

如果对水印效果不满意,可以通过单击"页面"→"水印"→"删除文章中的水印",删除预设水印。

5. 插入自定义水印

单击"页面"→"水印"→"插入水印",可以插入自定义水印。

6. 设定水印参数

在弹出的"水印"对话框中选中"文字水印",然后在"内容"框中输入"企业宣传册",其余设置如字体、大小、透明度、布局等,可以使用默认设置。水印设置如图1.59所示。

7. 完成并保存文档

单击"确定"按钮后,新的自定义水印将被添加到文档中,再次保存文档,以便将来使用或修改。

✿ 操作技巧

尽管水印是半透明的,但它仍然可能会对文档的其他元素产生干扰。因此,在插入水印时要注意其位置和透明度,确保文档的主要内容清晰可读。

✿ 能力拓展

拓展 1:设计一个含有自定义水印的企业宣传册,注意水印的位置、颜色和透明度,使其既能起到装饰和保护的作用,又不干扰宣传册的主要内容。

拓展 2:对比没有水印的宣传册和有水印的宣传册,思考和讨论水印在提升宣传册专业感、美观度以及版权保护方面的作用。

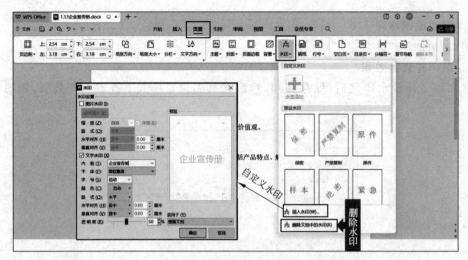

图 1.59　水印设置

任务 1.14　电子印章在通知中的应用：提高办公效率

❋ 案例描述

作为公司行政人员，你负责起草和发送内部通知。公司决定使用电子印章以提高办公效率和节约资源。电子印章是数字形式的公司印章，用于验证电子文档的真实性和权威性。

❋ 素质目标

（1）紧跟科技发展，探索电子化办公新方式，提高办公效率和节约资源。

（2）坚持以人为本的企业文化，通过提升办公效率增进员工满意度。

（3）倡导诚信和责任，使用电子印章确保通知的真实性和权威性。

❋ 学习目标

（1）理解电子印章的概念及其在公司通知中的作用。

（2）掌握在 WPS 文字中添加电子印章的方法。

（3）学会在文档中设置图片的透明色。

❋ 操作步骤

1. 打开 WPS 文字

启动 WPS 文字编辑软件，打开需要添加电子印章的公司通知文档。

2. 插入电子印章

将"电子印章"图片保存到计算机中，单击"插入"→"图片"，在弹出的下拉菜单中选择"本地图片"，然后选择电子印章图片即可，如图 1.60 所示。

3. 设置背景透明

若电子图章的背景不透明，还需要将图片背景设置为透明色。选中刚刚插入的电子印章，单击"格式"选项卡，在弹出的菜单中选择"设置透明色"，然后单击电子印章的白色背景部分,使其变为透明,如图 1.61 所示。

图 1.60 插入电子印章图片　　　　　　　　图 1.61 设置透明色

4. 设置文字环绕

选中电子印章右击,在弹出的菜单中单击"文字环绕"→"浮于文字上方",如图 1.62
所示。

5. 调整电子印章

可以按住鼠标左键,通过拖动印章调整其位置,也可以通过单击"旋转"按钮来调整其角
度,如图 1.63 所示。

图 1.62 设置"文字环绕"　　　　　　　图 1.63 设置图片旋转角度

6. 保存文档

确认电子印章的位置和大小准确后,单击"保存"按钮保存通知文档。

7. 发送电子通知

通过电子邮件或其他方式发送带有电子印章的通知给员工。

❋ **操作技巧**

使用电子印章时,要遵守公司规章,避免滥用或泄露。调整印章大小和位置时,要保持
比例以防扭曲图案或文字。

❋ **能力拓展**

拓展 1:研究数字签名和数字证书的使用,增强电子文档的安全性和真实性。

拓展 2：比较纸质通知和电子通知的优缺点，考虑如何平衡实际应用。

拓展 3：探讨如何利用电子化办公的方式，提高公司的工作效率并节约资源。

任务 1.15 设计统一的页眉：为企业内部文件营造专业形象

❈ 案例描述

假设你是公司的文案设计专员，负责设计公司内部文件的统一文档样式，包括在页眉页脚统一标注公司名称和商标。通过使用 WPS 文字功能，可以为各类文件添加统一的页眉，增强专业性和一致性。

❈ 素质目标

（1）倡导创新精神。设计统一页眉以展示企业专业形象，体现对创新和企业文化建设的重视。

（2）实践团队合作精神。与各部门沟通，了解需求，设计符合公司形象的页眉，展现团队协作。

（3）提倡高质量工作精神。坚持高标准，确保页眉设计符合品牌形象和规范，提升文档专业性和辨识度。

❈ 学习目标

（1）理解页眉的作用和重要性。

（2）掌握 WPS 文字中"页眉页脚"选项和"同前节"按钮的使用。

（3）学会修改页眉，让每一页页眉相同或不同。

❈ 案例分析

使用 WPS 文字的"页眉页脚"功能，使文档每页样式一致，如图 1.64 所示。学习如何插入和设置页眉页脚，包括字体样式和页眉线，避免每页单独设置，如图 1.65 所示。

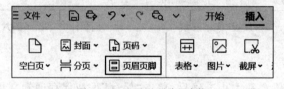

图 1.64 "页眉页脚"功能

图 1.65 页眉页脚样式

❋ 操作步骤

1. 启动 WPS 文档

启动 WPS 文档,打开需要设计的公司内部文件。

2. 进入页眉|页脚编辑模式

单击"插入"→"页眉页脚",进入页眉/页脚编辑模式,如图 1.66 所示。

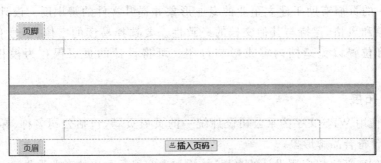

图 1.66　页眉/页脚编辑模式

此时,系统菜单栏中出现"页眉页脚"选项卡,如图 1.67 所示。

图 1.67　"页眉页脚"选项卡

3. 设置页眉

将光标置于页眉中,根据公司要求输入统一的文字,如"金山办公"为黑体、小二号字体,字符间距 5 磅;"绽放智慧的力量"为楷体、三号字体、标准字符间距;英译内容为新罗马字体(Times New Roman)、五号字体,如图 1.65 所示。

一般情况下,一旦页眉设置后,新建页面的页眉样式将与已设置页面保持一致。如果有其他需要,可以在"页眉页脚"选项卡中进行设置,如图 1.67 所示。例如,"奇偶页不同"选项可以让奇数页和偶数页显示不同的页眉内容。再例如,单击"页眉同前节"按钮,则页眉与上一节保持一致;如果取消选中,那么每一节的页眉将可以独立设置。当然,如果想要对页眉有更多的设置,也可以进一步在"页眉页脚"选项卡中设置,如单击"页眉页脚选项"按钮,在弹出的"页眉/页脚设置"窗口中可以对页眉页脚设置"首页不同""奇偶页不同""显示页眉横线"等。

4. 设置页脚

将光标置于页脚中,复制公司商标,粘贴在页脚位置,再进行调整图片大小、右对齐、插入页码等操作,如图 1.65 所示。

5. 退出页眉页脚编辑模式

设置完毕后,单击"页眉页脚"→"关闭",退出页眉/页脚编辑模式。

6. 检查文档设置

检查文档的每一页,确保页眉/页脚的内容、字体和字号均已正确设置,并且满足一致性的要求。

7. 保存文档

在确认无误后,保存文档。

通过对上述页眉页脚的操作步骤的学习,能够更好地理解和掌握如何在 WPS 文字中设定页眉页脚,实现专业化的文档设计。

❈ **操作技巧**

设计统一的页眉有助于建立企业的专业形象并提升文件的辨识度。设计时应考虑公司的品牌形象和风格,保持与其他文档的一致性。要选择易读的字体、字号和颜色,注意页眉的大小和位置以免遮挡内容或影响打印。可将设计的页眉保存为模板,方便未来使用。

❈ **能力拓展**

拓展 1:使用 WPS 文字为某公司设计统一的页眉页脚,包括公司名称、标志和联系信息,要确保设计符合品牌形象。

拓展 2:创建新文档应用设计的页眉,并添加内容展示页眉的专业效果。

拓展 3:评估页眉设计的专业形象效果,提出至少两种改进方案,并描述改进后的效果。

任务 1.16　快速翻页与精准定位: WPS 文字中页码的高效管理

❈ **案例背景**

作为文档编辑专员,你要为年度报告设置页码,以便员工轻松阅读和查找信息。要求在单页的右下角和双页的左下角设置页码。

❈ **素质目标**

(1)弘扬求真务实的精神,关注细节,确保页码设置的准确无误。

(2)践行团结协作的价值观,与团队成员共同合作,持续改进文档的页码设置。

(3)培养自主学习的能力,不断学习和掌握新的技能,提高工作效率和质量。

❈ **学习目标**

(1)理解页码的功能和重要性。

(2)掌握在 WPS 文档中设置页码的具体步骤。

(3)学会选择合适的页码样式和位置,提高文档的可读性和实用性。

❈ **操作步骤**

1. 选择页码按钮

打开需要设置页码的文档,单击"插入"→"页码",如图 1.68 所示。

2. 选择页码样式

在弹出的"预设样式"对话框中,根据需要选择相应的样式,如图 1.69 所示。

3. 进入页码设置对话框

单击"页码"选项,进入"页码"对话框,如图 1.70 所示。

图 1.68　插入页码

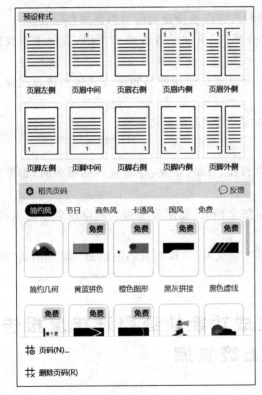

图 1.69　"预设样式"对话框

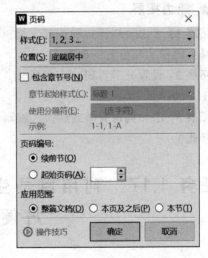

图 1.70　"页码"对话框

4. 页码设置

设置页码的样式、位置、页码编号、应用位置等,如图 1.71 和图 1.72 所示。

5. 完成文档页码添加

设置完成后,单击"确定"按钮,WPS 文档将自动为文档添加页码。

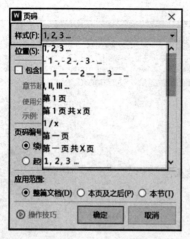

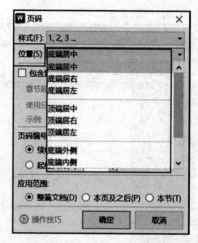

图 1.71　页码样式　　　　　　　　　　图 1.72　页码位置

❀ **操作技巧**

（1）在设置页码时，要考虑文档的结构和内容以选择合适的页码样式和位置。

（2）对于包含多章节的文档，可使用"分节符"单独设置各章节页码，以便于查找特定内容。

（3）对于包含附录或参考资料的文档，可以考虑使用罗马数字或其他独特页码样式来区分主文本。

（4）设置页码时，可添加前缀或后缀如"第""页"等增强可读性。

❀ **能力拓展**

拓展 1：考虑页码样式和位置。编辑含封面、目录、正文、参考资料的报告时，思考并解释选择页码样式和位置的理由。

拓展 2：设置分节页码。编辑包含 3 章的文档时，使用分节符为每章设置独立页码，每章从 1 开始。

拓展 3：添加页码前缀或后缀。编辑学术论文时，尝试在页码前添加"第"和后缀"页"的页码样式。

任务 1.17　利用目录生成功能快速整理年度报告： 方便上级查阅

❀ **案例描述**

假设你是一家大型企业的行政助理，负责整理和管理年度报告。每年年底，你需将各部门提交的报告整合成一份完整的年度报告，并分类编排。为便于领导查阅，你计划使用 WPS 文字的目录生成功能快速整理年度报告。

❀ **素质目标**

（1）弘扬实事求是精神，快速整理年度报告，支持企业决策。

（2）利用科技工具提升工作效率和质量，为企业发展作出贡献。

（3）整理好的年度报告旨在服务企业，推动企业进步。

✵ 学习目标

（1）理解目录生成功能的作用和优势。

（2）掌握如何使用 WPS 文字的目录生成功能来整理和编排文档。

（3）学会调整目录样式和格式，使其符合报告的要求。

✵ 操作步骤

1. 设置页码和标题样式

设置年度报告的页码，并确保所有标题设置了标题级别样式。

2. 生成目录

在文档中第一个标题前单击"引用"→"目录"，选择合适的目录样式生成目录，并在适当位置插入分页符以使目录单独成页，如图 1.73 所示。

3. 自定义目录

如果对智能生成的目录效果不满意，可以在图 1.73 中下方选择"自定义目录"，根据需求调整样式，如图 1.74 所示。

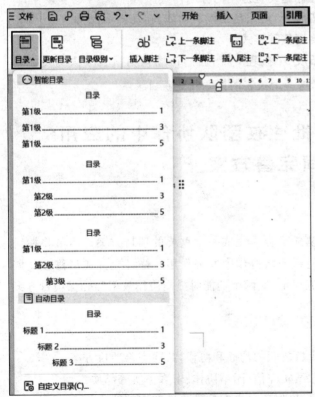

图 1.73　自动生成目录流程

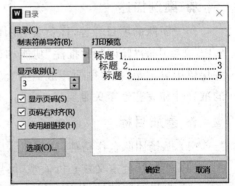

图 1.74　"目录"对话框

4. 设置封面标题格式

如果封面的标题也出现在目录中，是因为封面标题也被设置了标题级别，此时可以把封面标题设置成正文,然后重新进行字体、字号设置。

5．更新目录

更新目录,以确保封面标题不再出现。在目录上右击或者单击"引用"→"更新目录"→"更新整个目录",这样封面标题就会从目录中消失,如图 1.75 和图 1.76 所示。

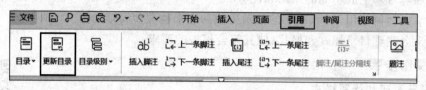

图 1.75　更新目录

❋ **操作技巧**

确保每个章节的标题使用合适的标题样式,以便正确生成目录。如果标题样式级别混乱或需修改目录中的虚线,可通过自定义目录进行调整。

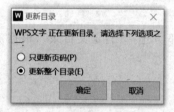

图 1.76　更新整个目录

❋ **能力拓展**

拓展 1：在 WPS 文字中创建一个新的空白文档,并为每部分标题设置适当的标题样式。

拓展 2：使用目录生成功能,在文档中添加目录,并根据需要调整其样式。

拓展 3：整理一个包含"市场营销报告""人力资源报告"和"研发进展报告"的年度报告,添加这 3 个报告的标题并更新目录。

任务 1.18　修订与批注在团队协作中的应用: 共同完善方案

❋ **案例描述**

作为团队的项目经理,你负责与团队成员合作完成一个重要的项目方案。本节将探讨 WPS 文字中的"修订"和"批注"功能如何在团队协作中发挥作用。修订允许成员修改文档并保留历史记录,批注则便于成员间交流讨论,这两个功能对提高协作效率和确保项目方案的准确性和完整性至关重要。

❋ **素质目标**

(1) 弘扬团队合作精神,注重团队成员之间的沟通和协作,共同完善项目方案。

(2) 践行社会主义核心价值观,倡导诚实守信、团结协作、求真务实等品质。

(3) 发扬工匠精神,注重细节和质量,确保项目方案的准确性和完整性。

❋ **学习目标**

(1) 理解修订和批注功能的作用及使用场景。

(2) 掌握修订和批注功能的操作方法,提高团队协作效率。

（3）了解团队协作中的沟通和合作技巧，共同完善项目方案。

❋ 案例分析

使用 WPS 文字的"修订"和"插入批注"功能，对文章进行修订，更便于我们了解、审阅和解读文章。"修订"和"插入批注"功能，如图 1.77 所示。

图 1.77　"修订"和"插入批注"功能

❋ 操作步骤

1. 打开 WPS 文字，创建新文档

创建一个新的文档用于项目方案的编写。在文档中输入项目方案的内容，包括项目名称、背景、目标、任务分配等信息，如图 1.78 所示。

> 项目名称：智能城市绿化规划
> 项目背景：
> 随着城市化的进程加快，绿化规划成为了城市规划中重要的一部分。为了建设美丽宜居的智能城市，我们需要详细的绿化规划，包括公园、街头绿化、绿化带、绿地系统等。同时，为了提高绿化规划的精度和效率，我们将使用现代信息技术，如 GIS、遥感、人工智能等。
> 项目目标：
> 1. 制定全面的城市绿化规划，包括公园、街头绿化、绿化带、绿地系统等。
> 2. 使用现代信息技术，提高规划的精度和效率。
> 3. 促进城市生态环境的改善，提高市民生活质量。
> 任务分配：
> 1. 市场研究：负责收集和分析相关市场信息，包括城市绿化的需求、现有的绿化状况、竞争对手的绿化策略等。
> 2. 技术研究：负责研究和开发使用 GIS、遥感、人工智能等技术的方法，以提高规划的精度和效率。
> 3. 规划设计：负责根据市场研究和技术研究的结果，制定详细的绿化规划，包括公园、街头绿化、绿化带、绿地系统等。
> 4. 项目管理：负责协调各个部门的工作，确保项目的顺利进行。

图 1.78　项目方案

2. 使用"修订"功能进行修改和更新

选中需要修改的文本或段落，单击"审阅"→"修订"，如图 1.77 所示。"修订"功能的快捷键是 Ctrl＋Shift＋E。

例如，选中"项目名称：智能城市绿化规划"，将字体更改为黑体四号，此时在文本的右侧就会显示修订记录，如图 1.79 所示。

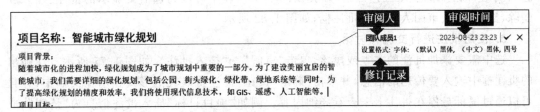

图 1.79　修订记录

　　当修订的内容、种类较多时，为了使修订类型一目了然，可以自定义修订风格。单击"修订"下拉按钮，选择"修订选项"，在弹出的"修订选项"对话框中可修改标记、批注框和打印。例如，"插入内容"设置为加粗黑色；"删除内容"设置为倾斜红色；"修订行"设置为外框线蓝色；"批注颜色"设置为深绿色；"使用批注框"可以选择修订方式的呈现效果，如"在批注框中显示修订内容"，单击"确定"按钮就可以自定义修订风格，如图1.80所示。如此在修订模式下，所有的修改将以不同颜色显示，并且可以在右侧的修订窗格中查看修改历史记录。

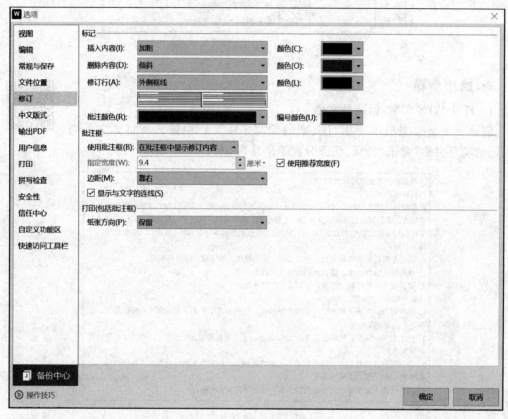

图1.80　自定义修订风格

　　当团队成员共同修订项目方案时，为了分辨团队成员的修改记录，可以自行添加用户名，方便团队成员修改时进行分辨。团队成员可以根据需要进行修改和更新，同时保留每个人的修改痕迹，如图1.81所示。

　　在"修订"按钮右侧的下拉列表中，可以选择显示或不显示标记的"最终状态"和"原始状态"；单击"显示标记"下三角按钮，在弹出的下拉列表中可以勾选需要显示的批注、插入和删除、格式设置、审阅人和使用批注框，如图1.82所示。

3. 使用批注进行交流和讨论

　　选中需要添加批注的文本或段落，单击"审阅"→"插入批注"，如图1.77所示。在弹出的批注框中输入要传达的信息，并单击"确定"按钮，批注将以气泡形式显示在文档中，并且可以通过鼠标悬停在批注上来查看详细内容。例如"项目目标"插入批注信息为"请团队成员2再细化目标内容"，如图1.83所示。

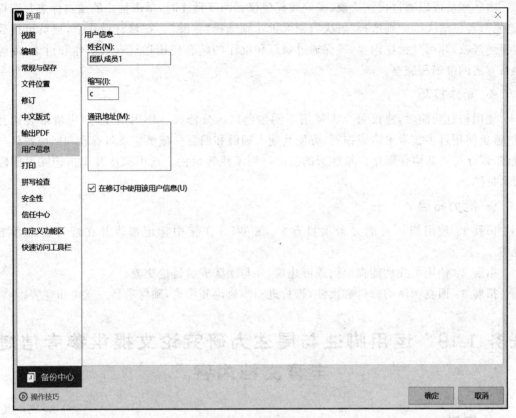

图 1.81 添加用户名

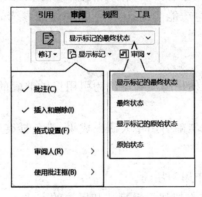

图 1.82 显示修订内容

图 1.83 插入批注信息

团队成员可以通过批注交流、提问或提建议。回复批注时,单击批注的编辑标志并选择"答复",若已解决问题则选择"解决",删除批注则选择"删除"。在修订模式下,成员可接受或拒绝修改,并回复批注内容,确保通过修订和批注的结合使用进行有效协作和讨论,保障项目方案的准确和完整。

❖ 操作技巧

使用修订功能时,建议每个人使用不同颜色以区分修改。使用批注时,应清晰表达意见,避免使用过多技术术语或缩写,方便其他人理解和回复。成员应及时查看和回应修订与批注,以保持团队协作顺畅。批注旁的按键可用于跳转批注。选中批注并单击删除可删除所有批注。

❖ 能力拓展

拓展 1:使用修订功能完善项目方案,在 WPS 文字中标记修改并在修订窗格添加说明。

拓展 2:使用批注功能提出问题或建议,并与团队成员讨论交流。

拓展 3:回复团队的修订和批注,进行进一步讨论和协商,确保项目方案全面完善。

任务 1.19 运用脚注与尾注为研究论文提供参考信息: 丰富文档内容

❖ 案例描述

作为学术研究人员,在撰写论文时需引用众多参考文献来支持研究结论。本任务将使用 WPS 文字的脚注和尾注功能为每个引用提供详细参考,以增强论文的丰富性和可信度。

❖ 素质目标

(1)弘扬求真务实精神,使用脚注和尾注为引用提供准确的参考信息,提升论文的可信度和学术价值。

(2)践行诚实守信,确保准确引用他人研究成果,避免抄袭和学术不端。

❖ 学习目标

(1)理解脚注和尾注的作用和用途。

(2)掌握在 WPS 文字中添加和编辑脚注和尾注的方法。

(3)学会使用脚注和尾注为研究论文提供参考信息,丰富文档内容。

❖ 操作步骤

1. 定位光标位置

将光标定位在要添加脚注或尾注的文本后面。例如,第一句话末尾的 "[1]"处,如图 1.84 所示。

2. 选择插入脚注或尾注

单击"引用"→"插入脚注"或"插入尾注",如图 1.85 所示。

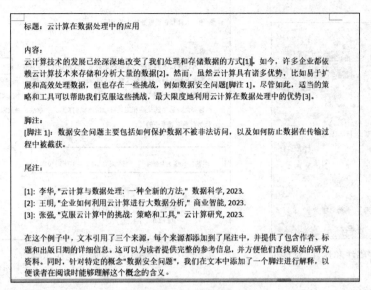

图 1.84　光标位置

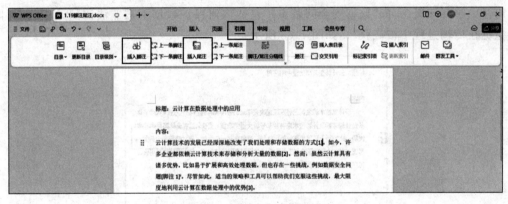

图 1.85　插入脚注或插入尾注

3．设置脚注或尾注

在弹出的"脚注和尾注"对话框中,选择脚注或尾注的位置、编号格式和范围,如图 1.86 所示。在"位置"区域,选择"页面底部"(对于脚注)或"文档末尾"(对于尾注);在"格式"区域,选择编号样式和起始编号;在"应用更改"区域,选择"整篇文档"或"本节"。

4．添加注释

单击"插入"按钮后,就会在文本中插入一个脚注或尾注的编号,并在页面底部或文档末尾添加一个相应的注释区域,在这个区域中可以输入注释内容。

5．输入尾注内容

在添加尾注内容的情况下,例如"[1]：李华.云计算与数据处理：一种全新的方法[J].数据科学,2023.",需要在尾注区域中输入该尾注的内容,并确保信息的准确性和完整性,如图 1.87 所示。需要注意的是,这里的"[1]"并不是手动输入的,而是在插入尾注时自动生成的编号。

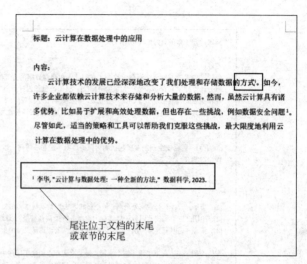

图 1.86 "脚注和尾注"对话框　　　　　　　图 1.87 插入尾注示例

6. 在文本中添加脚注

如对"数据安全问题"进行注解,应首先将光标放在该文本后,然后按步骤添加脚注,并在脚注中解释该概念,如"数据安全问题主要包括如何保护数据不被非法访问,以及如何防止数据在传输过程中被截获"。如图 1.88 所示。

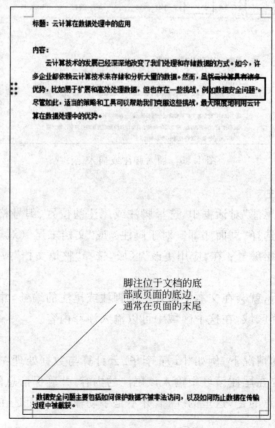

图 1.88 插入脚注示例

❀ **操作技巧**

在设定脚注和尾注位置时,需考虑读者可能查找的注释位置。脚注适用于补充特定文本说明,尾注适合提供参考文献信息。输入注释时,要确保信息准确完整,并使用正确的引用格式。

❀ **能力拓展**

拓展 1:选一篇感兴趣的研究论文,使用脚注添加参考信息,如作者、标题、出版日期。

拓展 2:在你的研究论文中,选择一个需要引用的参考文献或相关资料,并使用脚注插入引用标记,要确保引用标记的位置准确,并包含页码信息。

拓展 3:尝试将脚注转换为尾注,并理解两者之间的差异。

任务 1.20　文档打印与加密在企业保密工作中的重要性:确保信息安全

❀ **案例描述**

在现代商业中,保护企业机密和数据安全极为重要。本任务将 WPS 文字的打印和加密功能应用在企业的保密工作中。打印功能可帮助企业将信息转为实体文档,控制传播,减少泄露风险,加密功能则能保护文档内容不被未授权人员修改,确保信息的机密性和完整性。

❀ **素质目标**

(1) 提升信息安全意识,保护企业机密和数据安全,确保企业稳定运营和社会经济健康发展。

(2) 坚持诚信守法,正确使用文档打印与加密功能,防止信息滥用和侵权。

(3) 深化合作共享理念,通过学习和实践,增强团队协作和信息共享能力,促进企业和团队发展。

❀ **学习目标**

(1) 了解 WPS 文字的打印和加密功能,理解其在企业保密工作中的重要性。

(2) 掌握 WPS 文字的打印设置、打印预览和打印操作的技巧。

(3) 掌握 WPS 文字的文档加密方法,能够在实际工作中有效保护信息安全。

❀ **操作步骤**

1. 打印操作

(1) 打开已完成编写的加密文档。

(2) 单击"文件"→"打印",如图 1.89 所示。

(3) 在出现的打印预览窗口中,可以看到文档的实际打印效果。在此界面,可看到打印机、页码范围、副本、并打和缩放四个部分,如图 1.90 所示。

① 打印机。在名称中选择计算机所连接的打印机,可以查看此打印机的状态、类型、位置等。在此处可以勾选反片打印、打印到文件、双面打印等选项。

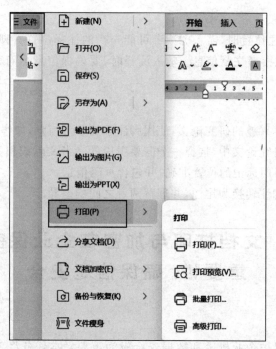

图 1.89 "打印"功能

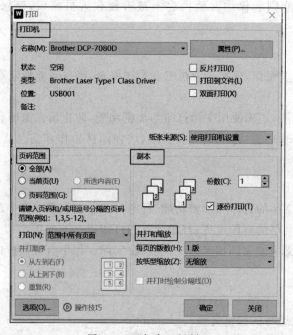

图 1.90 "打印"对话框

② 页码范围。可以选择全部、当前页和页码范围。若需要指定打印某几页,可以选中页码范围,并输入页码范围。在"打印"中可以选择打印范围中的奇数页或者偶数页。

③ 副本。这里可以选择打印的份数。若打印文档需要按份输出,可以勾选逐份打印,

保证文档输出的连续性。

④ 并打和缩放。系统默认每页版数是 1 版,在此处可以根据需求进行修改。例如选择 4 版,意思为每一页显示 4 页的内容。在左侧并打顺序处可以对顺序进行调整。按纸型缩放的作用是可以将其他纸型上的文件打印到指定纸型上。

(4) 确定所有设置无误后,单击"打印"。

2. 加密操作

文档加密操作流程如图 1.91 所示。

(1) 打开需要加密的文档,单击"文件"→"文档加密"。

(2) 在弹出的菜单中选择"密码加密"。

(3) 在弹出的"密码加密"对话框中根据要求输入密码。

(4) 文档加密后,每次打开此文档都需要输入密码。

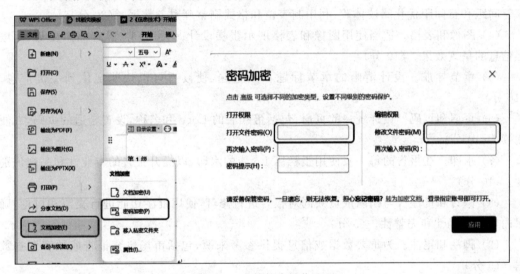

图 1.91　文档加密操作流程

✿ 操作技巧

在打印时,要选择合适的打印机,并检查设备连接情况,预览效果,设置打印参数等以确保质量。可选择打印全部、当前或指定页面及奇偶页,以节省资源和提高效率。使用文档加密时,建议设定复杂密码防破解,并妥善保管密码。WPS 文字支持将 Word 转换为 PDF,以防篡改和格式错乱。

✿ 能力拓展

拓展 1:尝试使用 WPS 文字的缩印或双面打印功能,将多页内容打印至一张纸上,节约纸张。

拓展 2:将 Word 文件转换为 PDF,观察格式是否保持一致,以确保文档正式性和内容保护。

拓展 3:使用 WPS 文字将简历或项目方案从 Word 转换为 PDF,保证发送和分享时的格式一致性和准确性。

单元考核

任务：设计并制作一份蛋糕店的年度报告。

任务描述如下。

根据在本单元学习的所有知识和技巧，结合已提供的素材设计并制作一份蛋糕店的年度报告。这份报告应包含以下元素。

（1）封面。使用WPS文字制作封面，包含蛋糕店的名称、报告标题（如"2023年度报告"）和日期等信息。（10分）

（2）目录。清晰列出报告的各个部分和页码，包括业绩概览、市场分析、客户反馈、新产品介绍等。（10分）

（3）内容。详细介绍蛋糕店的年度业绩、重要事件、市场推广活动、财务报表等。使用字符间距和行间距优化阅读体验，利用制表位和格式刷整理财务数据。（20分）

（4）图像和表格。适当使用图像和表格展示蛋糕设计、销售趋势、顾客满意度等，以增强信息的呈现效果。（10分）

（5）章节导航。设计清晰的章节标题和小标题，使读者可以快速定位到关键信息。（10分）

（6）页眉和页码。设计统一的页眉，包括蛋糕店的Logo和名称，设置合适的页码，方便阅读。（10分）

（7）水印。在报告的每一页使用蛋糕店Logo的水印，以提升报告的专业性和品牌识别度。（10分）

（8）修订和批注。与团队成员共同对报告进行修订，使用批注功能进行交流和讨论，确保内容的准确性和完整性。（5分）

（9）脚注和尾注。为重要数据或信息提供参考来源，包括市场研究报告或顾客调查数据。（5分）

（10）打印和加密。最后将报告打印出来，并对电子版进行加密，确保信息安全。（10分）

单元 2　WPS 表格文档处理

任务 2.1　探索 WPS 表格的奥秘: 初识 WPS 表格

❀ 案例描述

假设你是一名办公室职员,经常需要处理大量的数据和制作各种表格。本节我们将介绍 WPS 表格的基本功能和操作方法,帮助你快速上手使用 WPS 表格。

❀ 素质目标

(1) 建立正确的工作态度,勤奋学习和探索新技能,提高自身的综合素质。

(2) 弘扬创新精神,灵活掌握 WPS 表格的功能和特点,提高工作效率和质量。

(3) 培养团队合作意识,在工作中互相帮助和支持,共同完成任务。

❀ 学习目标

(1) 了解 WPS 表格的基本概念和作用。

(2) 掌握 WPS 表格的界面布局和常用功能。

(3) 学会创建、编辑和格式化表格,提高工作效率。

❀ 案例分析

WPS 表格是 WPS Office 办公组件之一,是一种常用的电子表格软件,常用于数据收集、统计、分析和预测,制作可视化图表展示数据等。

❀ 操作步骤

1. 打开 WPS 表格

打开计算机并找到桌面上的 WPS 表格图标,双击图标打开 WPS 表格,可以看到一个空白的工作表界面,在这里能够创建表格,如图 2.1 所示。

2. 在工作表中输入数据

单击单元格,然后输入数据,可以在同一行或同一列中输入多个数据,如图 2.2 所示。

3. 调整行高和列宽

如果数据内容较长,可以通过调整行高或列宽来适应内容显示。选中需要调整的行或列,然后右击,选择"行高"或"列宽",输入适当的数值进行调整;也可以在"开始"选项卡中找到"行和列"功能,然后选择"行高"或"列宽"即可,如图 2.3 所示。

4. 合并和拆分单元格

如果要将多个单元格合并成一个单元格,可选中这些单元格,然后单击"开始"选项卡,找到"合并"功能,单击"合并"按钮;如果要拆分已合并的单元格,可选中这个单元格,然后

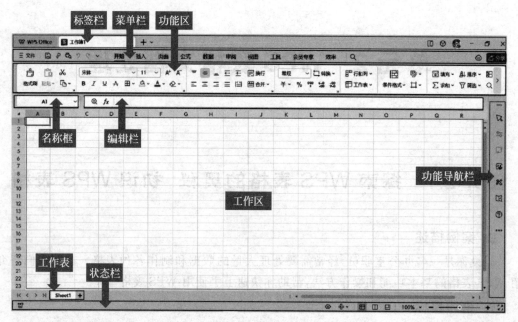

图 2.1　WPS 表格工作窗口

图 2.2　WPS 表格工作表

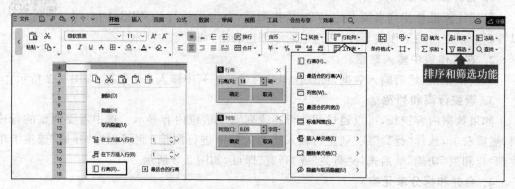

图 2.3　行高和列宽设置以及排序和筛选

单击"合并"按钮,则单元格按行和列进行拆分,如图2.4所示。

图2.4　单元格合并与拆分

5. 设置单元格格式

在 WPS 表格中可以设置单元格的字体、颜色、对齐方式等格式。选中需要设置格式的单元格,然后在工具栏中选择相应的格式设置;也可选中单元格,右击,在弹出的菜单中选择"设置单元格格式"选项,然后在弹出的"单元格格式"对话框中进行设置,如图2.5所示。

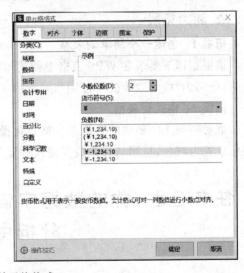

图2.5　设置单元格格式

6. 插入公式和函数

WPS 表格支持使用公式和函数进行计算和数据处理。选中需要插入公式或函数的单元格,然后在菜单栏中分别单击"插入"和"公式"选项卡,在对应的功能区找到"公式"和"函数"功能,选择相应的公式或函数进行插入即可,如图 2.6 所示。

7. 排序和筛选

选中需要排序或筛选的数据,在菜单栏的"开始"选项卡中找到"排序"和"筛选"功能,选择相应方式,如图 2.3 所示。

8. 绘制图表

选中需要绘制图表的数据,在菜单栏的"插入"选项卡中找到"图表"功能,选择图表类型进行绘制,如图 2.6 所示。

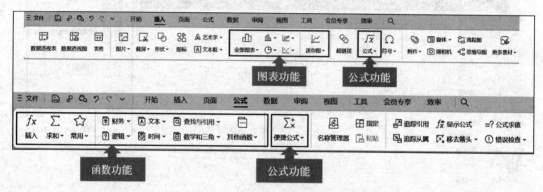

图 2.6　插入公式和函数以及图表绘制

✿ **操作技巧**

在输入数据时,可以使用快捷键 Tab 键在不同的单元格之间切换,使用 Ctrl+Z 组合键可以撤销上一步操作。在编辑公式或函数时,可以使用函数助手来查找和插入函数。可以使用条件格式设置来对数据进行自动化的格式化和标记。

✿ **能力拓展**

拓展 1:创建一个简单的表格

请根据以下要求在 WPS 表格中创建一个简单的表格:表格包含 3 列和 5 行,第一行为表头,分别为"姓名""年龄""性别",剩下的 4 行为具体数据,可以随意填写。

拓展 2:格式化表格

请对拓展 1 中创建的表格进行格式化操作:将表头加粗并居中对齐;将第一列的文字颜色设置为红色,将第二列的数据格式设置为日期格式;将第三列的数据居中对齐。

任务 2.2　你的数据宇宙:工作簿与工作表在财务分析中的应用

✿ **案例描述**

假设你开了一家美容机构,为了对财务数据进行分析,需要使用 WPS 表格中的工作簿和工作表来组织和分析全年的财务数据。工作簿是包含多个工作表的文件,工作表是用于存储和处理数据的单个表格。在一个工作簿中创建 12 个工作表,分别命名为 1 月至 12 月,并以 1 月的财务表为模板完成其余月份的财务表,如图 2.7 所示。

序号	日期	现金	微信	支付宝	POS机	转账	美团	科普	其他收入	杂项支出	现金结存	经手人	备注	本月收入 ¥0.00	本月支出 ¥0.00	本月结余 ¥0.00
1	1月1日										¥0.00					
2	1月2日										¥0.00					
3	1月3日										¥0.00					
4	1月4日										¥0.00					
5	1月5日										¥0.00					
6	1月6日										¥0.00					
7	1月7日										¥0.00					
8	1月8日										¥0.00					
9	1月9日										¥0.00					
10	1月10日										¥0.00					
11	1月11日										¥0.00					
12	1月12日										¥0.00					
13	1月13日										¥0.00					
14	1月14日										¥0.00					
15	1月15日										¥0.00					
16	1月16日										¥0.00					

1月　2月　3月　4月　5月　6月　7月　8月　9月　10月　11月　12月　+

图 2.7　财务表

✿ 素质目标

(1) 弘扬求真务实精神,坚持数据驱动决策,促进企业科学发展。

(2) 践行工匠精神,注重数据组织和分析方法,提高财务分析的准确性和效率。

(3) 践行社会主义核心价值观,坚守诚实守信原则,在财务分析中体现公正、公平和公开等价值观。

✿ 学习目标

(1) 理解工作簿和工作表的概念及其在财务分析中的重要性。

(2) 掌握创建工作表的方法,提高数据组织和分析效率。

(3) 学会给工作表重命名,方便对工作表进行管理。

✿ 操作步骤

1. 打开 WPS 表格

创建一个新的工作簿,如图 2.8 所示。

2. 重命名工作表

在新创建的工作簿中,可以看到默认的一个工作表,命名为 Sheet1。右击该工作表,选择"重命名",将其改为"1 月",如图 2.9 所示。

3. 输入数据

(1) 在"1 月"工作表中,输入和组织 1 月份的财务数据。根据你的实际情况,输入收入、支出、利润等数据,可以使用不同的列来表示不同的数据项,如图 2.10 所示。

(2) 创建其他月份的工作表。右击"1 月"工作表的标签,选择"插入工作表",插入后分别重命名为"2 月""3 月"直到"12 月",如图 2.11 所示。

(3) 在每个月的工作表中,复制一月的财务表并修改日期,确保每个工作表的数据按相应月份组织和输入,如图 2.7 所示。可以通过单击相应工作表的标签切换查看和分析不同月份的数据。

图 2.8　工作簿

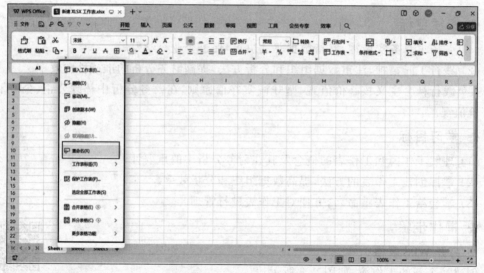

图 2.9　工作表重命名

图 2.10　一月工作表

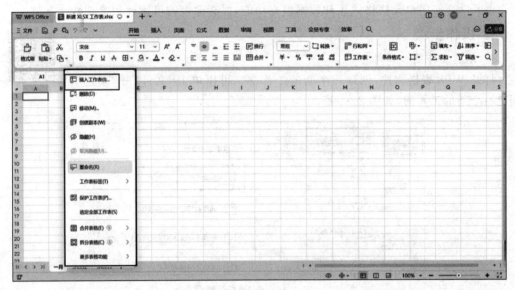

图 2.11　插入工作表

�֍ **操作技巧**

(1) 确保工作表命名准确、清晰,反映数据内容。

(2) 保证数据输入和组织的准确性和完整性,避免错误或遗漏。

(3) 选择合适的数据处理和分析方法,确保分析结果准确可靠。

✖ **能力拓展**

使用公式和函数计算每月总收入、总支出、净利润等,并利用数据透视表、图表、数据验证、数据筛选和条件格式设置等功能,对财务数据进行汇总、分析、可视化和自动化格式化,以便更直观地展示和分析财务数据的趋势、关系及异常情况。

任务 2.3　WPS 表格的基石: 用行列单元格做课表

✖ **案例描述**

作为一名学生,为了更清晰直观地了解每周的课程,你需要使用 WPS 表格中的行、列和单元格来创建课表。行和列是 WPS 表格的基本组成部分,单元格则是行和列的交叉点,用于存储和展示课程信息。

✖ **素质目标**

(1) 弘扬求真务实的精神,根据实际需求合理安排课表,提高学习质量。

(2) 践行工匠精神,注重细节和准确性,在课表制作中做到精益求精。

✖ **学习目标**

(1) 理解行、列和单元格在课表制作中的作用和意义。

(2) 掌握创建课表的方法,包括设置行高、列宽和合并单元格等操作。

（3）学会使用单元格格式化和数据填充功能，提高课表的可读性和美观性。

✿ 操作步骤

1. 创建工作簿

打开 WPS 表格软件，创建一个新的工作簿。可以单击"文件"→"新建"，创建一个新的工作簿，如图 2.12 所示。

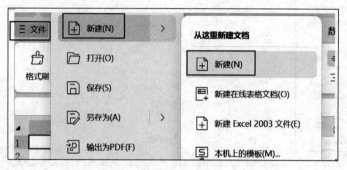

图 2.12 新建工作簿

2. 创建工作表

在工作簿中创建一个新的工作表，用于制作课表。右击工作簿底部的标签，然后选择"重命名"来修改工作表的名称，如图 2.13 所示。

3. 设置行高和列宽

选中需要调整的行或列，然后单击"行和列"选项卡，选择"行高"或"列宽"，输入适当的数值进行调整，如图 2.14 所示。

图 2.13 新建工作簿的重命名

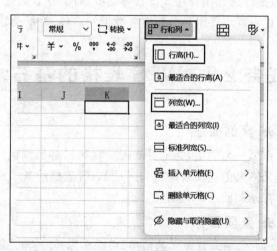

图 2.14 设置行高和列宽

4. 合并单元格

选中需要合并的单元格，然后单击"开始"→"合并单元格"。根据课表的布局，合并相应的单元格来创建课程格子，如图 2.15 所示。

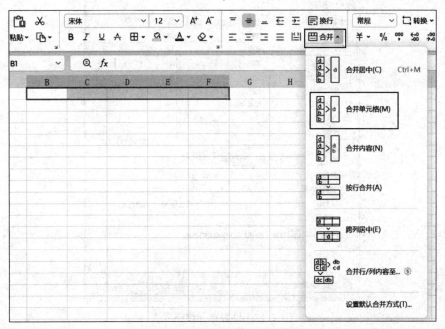

图 2.15 合并单元格

5. 输入课程信息和时间安排

在每个课程格子中输入课程名称、上课时间和地点等信息。根据课表的需求，合理安排课程的时间和顺序。

6. 使用单元格格式化功能美化课表

选中需要设置格式的单元格，右击，在弹出的对话框中选择"设置单元格格式"，在打开的"单元格格式"对话框中选择相应的格式设置，如字体、边框、对齐方式等，如图 2.16 和图 2.17 所示。

图 2.16 设置单元格格式 1

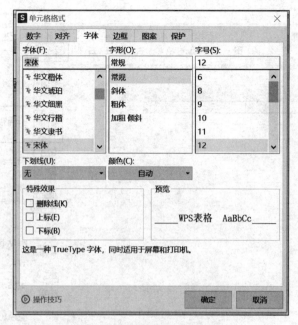

图 2.17　设置单元格格式 2

7. 使用数据填充功能快速填充课程信息

选中已输入课程信息的单元格,然后将鼠标放在单元格右下角的小方块上,鼠标变成实心"+",拖动鼠标以快速填充相邻的单元格。

❈ **操作技巧**

(1) 可以使用快捷键 Ctrl+Z 来撤销上一步操作。

(2) 在输入课程信息时,可以使用快捷键 Tab 键在不同的单元格之间切换。

(3) 可以使用条件格式设置对课程格子进行自动化的格式化和标记。

(4) 可以使用筛选功能来按照特定条件筛选和查找课程信息。

❈ **能力拓展**

拓展 1：添加课程表的辅助信息

请在课表中添加辅助信息,如学期开始日期、学期结束日期、教室编号等。可以在课表的顶部或底部创建额外的行或列来添加这些信息。

拓展 2：使用公式计算课程数量和学时总数

请在课表中使用公式来计算每天的课程数量和学时总数。可以使用 SUM 函数和 COUNT 函数来进行计算,并将结果显示在适当的位置。

任务 2.4　玩转 WPS 表格: 基础编辑技巧

❈ **案例描述**

假设你是一位办公室职员,需要为公司设计一个职员工作表,以便于收集和整理职工信息。本任务将学习 WPS 表格的编辑功能,以提升数据处理和编辑的效率。

✿ 素质目标

(1) 建立正确的工作态度,勤奋学习和探索新技能,提高自身的综合素质。

(2) 弘扬创新精神,灵活运用 WPS 表格的编辑功能,提高工作效率和质量。

(3) 培养团队合作意识,在工作中互相帮助和支持,共同完成任务。

✿ 学习目标

(1) 掌握基本的数据输入和编辑操作,包括插入、删除、复制和粘贴等。

(2) 学会使用快捷键和鼠标操作来加快编辑速度。

(3) 熟悉常用的编辑功能,如查找和替换、拆分和合并单元格等。

✿ 案例分析

"职员工作表"包括职工的姓名、部门、职务、工资、入职日期等基本信息,如图 2.18 所示。要想建立职工工作表首先需要掌握 WPS 表格的基础编辑技巧。

	A	B	C	D	E
1	职工工作表				
2	姓名	部门	职务	工资	入职日期
3	张三	人力资源部	经理	10000	2020/1/1
4	李四	财务部	会计	8000	2019/5/15
5	王五	销售部	销售员	5000	2020/3/10
6	赵六	技术部	工程师	12000	2018/9/1

图 2.18 职工工作表

✿ 操作步骤

1. 数据输入和编辑

打开 WPS 表格软件,创建一个新的工作表。

在工作表中输入数据。单击单元格,然后在单元格中输入或在编辑栏中直接输入"职员工作表"中的信息。双击单元格,在单元格中编辑数据。可以使用快捷键和鼠标操作来编辑数据,例如,使用 Tab 键在不同的单元格之间切换,使用 Ctrl+Z 组合键撤销上一步操作。

2. 插入和删除操作

(1) 插入行和列。选中需要插入的行或列,右击,在弹出的对话框中选择"插入",然后选择插入"行"或"列",也可以插入"单元格";或者单击"开始"选项卡,找到"行和列"功能,单击下拉列表,选择"插入单元格"选项。

(2) 删除行和列。选中需要删除的行或列,右击,在弹出的对话框中选择"删除",然后选择"整行"或"整列",也可进行删除"单元格"等操作,如图 2.19 所示。

3. 复制和粘贴操作

(1) 复制单元格或数据区域。选中目标单元格或数据区域,右击,在弹出的对话框中选择"复制"🗐或"剪切"✂。

(2) 粘贴单元格或数据区域。选中目标单元格或数据区域,右击,在弹出的对话框中选择"粘贴"🗐或"只粘贴文本"🗛或"选择性粘贴"🗐。

4. 查找和替换功能

(1) 查找数据。单击"开始"→"查找"→"查找",如图 2.19 所示。在"查找"对话框的

图 2.19　插入和删除单元格、行、列以及查找和替换

"查找内容"中输入要查找的内容,然后单击"查找下一个"进行系统自动查找,如图 2.20 所示。

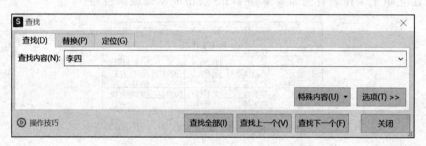

图 2.20　查找对话框

（2）替换数据。单击"开始"→"查找"→"替换",如图 2.19 所示。在"替换"对话框的"查找内容"中输入要查找的内容,在"替换为"中输入要替换的内容,然后单击"查找下一个"→"替换",即可进行有选择的替换;当单击"全部替换"时,查找内容将会全部被替换,如图 2.21 所示。

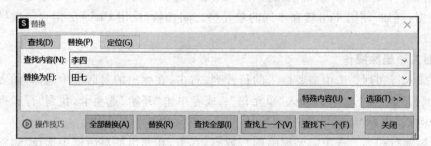

图 2.21　"替换"对话框

❇ **操作技巧**

在编辑数据时,可以使用快捷键 Tab 键在不同的单元格之间切换,使用 Ctrl+Z 组合键撤销上一步操作。在编辑公式或函数时,可以使用函数助手查找和插入函数,并通过条件格式设置对数据进行自动化的格式化和标记。

❇ **能力拓展**

尝试使用 WPS 表格提供的数据验证功能来限制输入数据的范围和格式,确保数据符合特定要求；同时，根据个人习惯和需求，自定义 WPS 表格的快捷键，通过工具栏中的"选项"选择"自定义快捷键"进行设置。

任务 2.5　一键调整：美化你的表格以提升社区志愿者资料的整理效果

✲ 案例描述

假设你是一位社区工作者，负责整理社区志愿者的资料和活动记录。为了提升资料整理的效果和可视化展示，你需要掌握使用 WPS 表格中的表格整理美化功能来美化表格，使社区志愿者资料更加清晰和专业。

✲ 素质目标

(1) 弘扬奉献精神，为社区志愿者提供更好的服务和支持。

(2) 培养自主学习和探索能力，不断提升社区资料整理和管理的专业水平。

✲ 学习目标

(1) 理解表格整理美化功能的作用和优势。

(2) 掌握使用表格整理美化功能对表格进行美化的方法。

✲ 操作步骤

1. 创建 WPS 表格

打开 WPS 表格，创建一个新的工作表。

2. 输入信息

输入社区志愿者的资料，包括姓名、性别、年龄、联系电话等信息，如图 2.22 所示。

	XXXX小区志愿者服务名单					
2	姓名	性别	年龄	联系电话	楼号	房号
3	甲	男	25	136****5678	A栋	101
4	乙	女	30	135****5432	A栋	102
5	丙	男	40	138****1357	B栋	201
6	丁	女	35	159****5214	B栋	202
7	戊	男	28	186****5742	C栋	301
8	己	女	32	176****0975	C栋	302
9	庚	男	27	131****5148	D栋	401
10	辛	女	31	139****5148	D栋	402
11	壬	男	29	136****3691	A栋	201
12	癸	女	33	135****5903	A栋	202

图 2.22　志愿者服务名单

3. 美化表格

使用表格整理美化功能对表格进行美化。选中需要美化的表格区域，然后单击工具栏中的"表格整理美化"按钮。从弹出的侧边栏中选择合适的美化方案，使表格更加整齐、易读和专业，如图 2.23 所示。

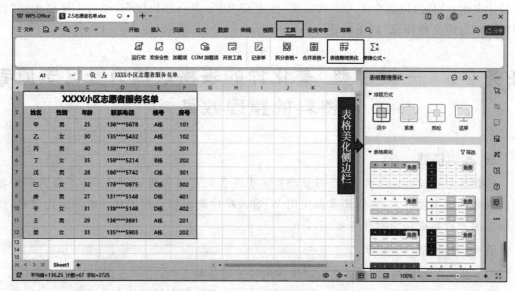

图 2.23　表格整理美化

4. 调整和修改表格

根据需要进行进一步的调整和修改。可以调整行高和列宽,设置字体样式和颜色,添加边框和背景色等,以使资料更加清晰和突出。

5. 使用条件格式设置

使用条件格式设置功能对表格进行标记和突出显示。可以根据特定的条件设置单元格的格式,如颜色、图标,以便更好地展示志愿者的信息和活动记录。

6. 添加筛选功能

添加筛选功能以便快速检索和过滤资料。可以在表格的标题行上添加筛选器,以便根据不同的条件进行筛选和查找志愿者资料,如图 2.24 所示。

图 2.24　美化表格

❋ **操作技巧**

(1) 在使用表格整理美化功能时,可以尝试不同的样式和布局,选择最适合的。

(2) 使用 Ctrl+Z 组合键可以撤销上一步操作。

(3) 在美化表格时,要注意保持风格和格式一致,使整个表格看起来更加统一和专业。

(4) 可以使用公式和函数来计算和分析志愿者的活动数据,如总时长、参与次数等。

❋ **能力拓展**

拓展 1:使用图表功能可视化志愿者活动数据。请尝试使用 WPS 表格的图表功能,将志愿者的活动数据以图表的形式进行可视化展示。可以选择适当的图表类型,如柱状图、饼图等,以便更直观地呈现数据。

拓展 2:除了表格整理美化功能,还有哪些方法可以美化表格和提升表格的专业性?请列举至少三种方法并简要说明其作用。

拓展 3:为什么表格整理美化功能可以提升表格的专业性和吸引力?请给出你的观点。

任务 2.6　冻结窗格,固定视野:美容机构财务数据录入查看小技巧

❋ **案例描述**

假设你是一家美容机构的财务主管,负责录入和查看大量的财务数据。为了提高数据录入和查看的效率,你需要学会利用 WPS 表格中的冻结窗格功能来固定视野,避免表格过大而导致视野局限。

❋ **素质目标**

(1) 培养细致认真的工作态度,确保财务数据的准确性和完整性。

(2) 弘扬创新精神,灵活运用 WPS 表格的功能,提高工作效率和质量。

(3) 坚持团队合作,与其他部门密切合作,共同推动美容机构的发展。

❋ **学习目标**

(1) 理解冻结窗格的功能及使用场景,了解如何固定视野以便更好地查看大量数据。

(2) 掌握冻结窗格的操作方法,包括冻结行、列和窗格的具体步骤。

(3) 学会在录入和查看数据过程中冻结窗格,以提高工作的效率和准确性。

❋ **操作步骤**

1. 新建 WPS 表格

打开 WPS 表格,新建一个包含财务数据的工作表,如图 2.25 所示。

2. 选择冻结行、列或窗格

根据需求,选择要冻结的行、列或窗格。例如,如果希望固定标题行,使其在滚动时始终可见,可以选择标题行以下的第一行,并单击工具栏中的"视图"选项卡。

工资表												
姓名	应发工资				其他应发			其他应扣				实发工资
	基本工资	加班工资	绩效考核	小计	全勤奖	加班补贴	小计	缺勤扣款		事假扣款	病假扣款	
								天数	扣款			
姓名	基本工资	加班工资	考核绩效	小计	全勤奖	加班补贴	小计	天数	扣款	事假扣款	病假扣款	实发工资
李四	799	200	500	1499	1000	200	1200	0	0			2699
王平	799	200	500	1499	1000	200	1200	0				2699
刘倩	799	200	500	1499	1000	200	1200	0				2699
张三	899	300	600	1799	800	200	1000	2	200			2599
李山	899	300	600	1799	600	200	800	4		280		2319
王五	1099	400	700	2199	1000	200	1200	0				3399
孙思敏	1099	400	700	2199	1000	200	1200	0				3399
刘丽	1299	500	800	2599	900	200	1100	2			100	3599
李强	1299	500	800	2599	900	200	1100	1	100			3599
张华	1599	700	1000	3299	1000	200	1200	0				4499

图 2.25　财务数据工作表样例

3. 选择冻结位置

在"视图"选项卡中,单击"冻结窗格"按钮。根据需要,选择冻结行、列或窗格的具体位置,如图 2.26 和图 2.27 所示。

图 2.26　冻结窗口操作

图 2.27　"冻结窗格"选择

4. 冻结窗格完成

完成冻结窗格后,可以看到在被冻结的行、列窗口有两条绿线,这时可以滚动表格,而冻结的行、列或窗格将始终保持可见,方便在查看其他数据时不会丢失重要的参考信息,如图 2.28 所示。

✿ 操作技巧

在冻结窗格时,可以选择冻结多行、多列或窗格,以适应不同的数据布局和查看需求,并可随时通过工具栏中的"视图"选项卡取消冻结。在录入财务数据时,可以使用数据验证功

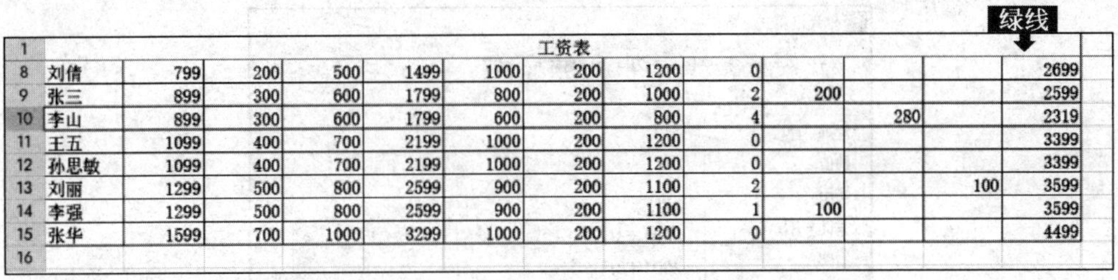

图 2.28　被冻结首行的数据表格

能限制数据的范围和格式,确保准确性,并通过公式和函数计算和分析财务数据,如总收入和支出,以便更好地了解美容机构的财务状况。

❀ 能力拓展

请尝试使用 WPS 表格的筛选功能,根据不同条件对财务数据进行筛选和分析,以及使用数据透视表功能对大量财务数据进行汇总和分析,如选择汇总字段、行字段和列字段,以便更深入地了解美容机构的财务状况和趋势。

任务 2.7　单元格自己的属性:单元格格式在医院绩效表中的应用

❀ 案例描述

假设你是一名医院行政部门的工作人员,需要制作一份医院绩效考核表。为了提高表格的易用性,应将考核月份的单元格格式设置为日期,考核时间的单元格格式设置为时间,分数区域的单元格格式设置为数值并将小数位数修改为 0。

❀ 素质目标

(1) 弘扬精益求精的工作态度,确保绩效考核表的准确性和完整性。

(2) 培养创新思维,灵活运用 WPS 表格的功能,提高工作效率和质量。

(3) 坚持团队合作,与其他部门紧密合作,共同推动医院的发展。

❀ 学习目标

(1) 理解单元格格式的作用和优势,以及在医院绩效表中的应用。

(2) 掌握在 WPS 表格中设置单元格格式的方法,包括日期、时间和数值格式。

(3) 学会运用单元格格式设置,提高医院绩效表的可读性和易用性。

❀ 案例分析

右击单元格,选择"设置单元格格式"可为单元格设置不同属性。例如,可以在表格中快速输入日期并转换成指定的日期格式,如日期大写、月份、星期、英文日期等;还可以将时间转换成指定的时间格式,如快速转换成某时某分某秒,或者是上午下午的大写时间,如图 2.29所示。

71

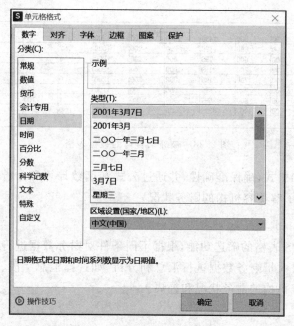

图 2.29　单元格日期格式设置

❋ 操作步骤

1. 打开 WPS 表格

打开 WPS 表格,打开医院绩效考核表,如图 2.30 所示。

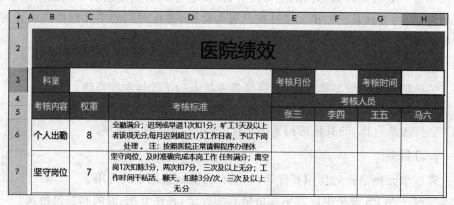

图 2.30　医院绩效考核表(部分)

2. 选择单元格区域

选中需要设置格式的单元格区域,如考核月份后面的单元格区域。

3. 设置日期

单击菜单栏中的"开始"选项卡,在"单元格格式"工作组中单击"数字格式"下拉菜单,选择"短日期",输入日期显示为"2023/8/1";选择"长日期",输入日期显示为"2023 年 8 月 1日",如图 2.31 所示。

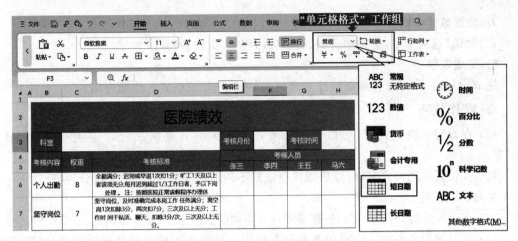

图 2.31　单元格格式设置

如果需要日期只显示年月,则单击"其他数字格式",在单元格格式对话框中可进行设置,如图 2.29 所示。

4. 选择日期格式

在日期格式菜单中,选择适合的日期格式,如"2001 年 3 月",则输入日期显示为"2023 年 8 月"。

5. 设置时间

用同样的方法,对考核时间后面的单元格区域进行设置,选择"时间"格式,如"16:22:30"。

6. 设置分数区域的单元格

对分数区域的单元格进行设置。选中该区域后,单击菜单栏中的"开始"选项卡,在"单元格格式"工作组中单击"数字格式"下拉菜单,选择"数值",如图 2.31 所示。

如需精确到小数点,则单击"其他数字格式",在"单元格格式"对话框中选择"数值"选项,可进行设置,如图 2.32 所示。

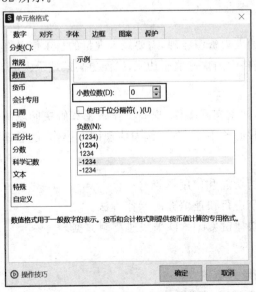

图 2.32　单元格数值格式设置

7. 设置数值格式

在"数值"选项卡中,选择适合的数值格式,将"小数位数"修改为 0。

8. 完成设置

完成设置后,保存并查看医院绩效考核表,确保单元格格式已成功应用。

❋ **操作技巧**

(1) 在设置日期格式时,可以根据需要选择不同的日期格式,如"年-月-日""月/日/年"等。

(2) 在设置时间格式时,可以根据需要选择不同的时间格式,如"小时:分钟:秒""上午/下午小时:分钟"等。

(3) 在设置数值格式时,可以根据需要选择不同的数值格式,如货币格式、百分比格式等。

(4) 可以使用条件格式设置功能对具有特定条件的单元格进行格式设置,如根据分数区域设置颜色标记等。

❋ **能力拓展**

拓展 1:使用自定义格式设置单元格格式

请尝试使用 WPS 表格的自定义格式功能,根据特定的需求设置自定义的单元格格式,如自定义日期格式、时间格式等,以满足医院绩效考核表的特定要求。

拓展 2:使用公式和函数进行数据计算和分析

请尝试使用 WPS 表格的公式和函数功能,对医院绩效考核表中的数据进行计算和分析,如计算平均值、总和等,以便更好地了解绩效情况和趋势。

任务 2.8　快速录入的魔术:填充柄在人力资源管理中的应用

❋ **案例描述**

假设你是一名公司的人力资源经理,需要录入大量的员工信息,包括序号、姓名、部门和职位。你需要掌握 WPS 表格中的快速填充功能,以便更高效地录入员工信息,提高工作效率。

❋ **素质目标**

(1) 弘扬工匠精神,注重实践操作,提高工作效率和解决问题的能力。

(2) 践行社会主义核心价值观,在工作中体现团结协作、敬业奉献等精神品质。

❋ **学习目标**

(1) 理解快速填充的功能和使用场景。

(2) 掌握使用填充柄进行快速填充的操作方法。

(3) 熟练掌握使用快捷键 Ctrl+D 来快速复制数据。

❋ **操作步骤**

1. 打开员工信息表录入信息

打开 WPS 表格,打开某公司部门员工信息表,如图 2.33 所示。在第一行录入员工信息的标题,如序号、姓名、性别、部门、职位等。在第二行录入第一个员工的信息,如图 2.34 所示。

2. 复制和填充信息

(1) 选中第二行的序号和部门数据,将鼠标放在选中区域的右下角,当鼠标变成"+"字形状时,按住鼠标左键并向下拖动,直到填充到需要录入的员工数量为止。

(2) 松开鼠标后,WPS 表格将自动复制和填充第一个员工的序号和部门信息到其他行。序号列为顺序式填充,部门列为复制式填充,如图 2.35 所示。

图 2.33　部门员工信息表(部分)

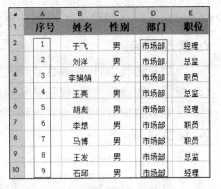

图 2.35　数据填充样式

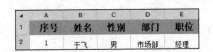

图 2.34　部门员工信息表

3. 使用快捷键复制数据

当处理庞大数据表格时,为提高效率,可使用 Ctrl+D 组合键来快速复制数据。例如"部门数据"一列,只需手动输入第一行"市场部",然后选中表格数据的最后一行,按住 Ctrl+Shift+↑组合键选中该列数据区域,再按 Ctrl+D 组合键,WPS 表格将自动复制和填充数据到整列。

✿ 操作技巧

(1) 快速填充功能适用于需要重复录入相似数据的场景,如录入员工信息、产品列表等。但在某些情况下,可能需要手动调整填充的数据,例如不同员工的部门或序号不同。

(2) 使用 Ctrl+D 组合键可以更快速地复制数据,但要注意确认复制的数据是否正确,以避免录入错误的信息。

✿ 能力拓展

拓展 1:使用快速填充功能录入员工信息

打开 WPS 表格,并创建一个新的工作表。按照上述操作步骤,使用快速填充功能录入 5 个员工的信息,包括序号、姓名、部门和职位。

拓展 2:使用 Ctrl+D 组合键复制数据

打开 WPS 表格,并创建一个新的工作表。按照上述操作步骤,使用 Ctrl+D 组合键来复制和填充 10 个员工的信息,包括序号、姓名、部门和职位。

拓展 3:分析快速填充功能的局限性

根据拓展 1 和扩展 2 的数据,分析快速填充功能在录入员工信息中的局限性和适用场景。

任务 2.9 智能填充大师:如何用 Ctrl+E 组合键在 WPS 表格中变魔术

✲ 案例描述

假设你是一位销售经理,为了更好地服务顾客你准备编制一份客户信息表,要求提取特定信息、替换敏感数据、添加必要的标识以及合并不同来源的。本任务将利用 WPS 表格中的 Ctrl+E 组合键——智能填充功能,来简化和加速这些复杂的编辑任务。

✲ 素质目标

(1) 掌握智能技术,提高数据处理速度,展现高效工作的理念,提升工作效率。

(2) 使用智能替换功能,保护隐私和信息安全。

(3) 注意数据细节,确保准确性和专业性,展现细致入微的工作态度。

✲ 学习目标

(1) 学习如何使用 Ctrl+E 组合键在 WPS 表格中提取、替换、添加和合并字符。

(2) 掌握智能填充功能的操作流程,提高数据处理的效率。

(3) 培养对数据的敏感性,确保数据的准确性和信息的安全性。

✲ 操作步骤

1. 提取信息

(1) 打开 WPS 表格软件,打开包含客户信息的 WPS 工作表。

(2) 选择包含完整信息的单元格,例如客户的"身份证号"。在相邻列输入客户的出生日期,然后依次单击"开始"→"填充"→"智能填充",或者直接按 Ctrl+E 组合键,如图 2.36 所示。

(3) 在智能填充的帮助下,可快速提取出客户的出生信息,并填充到相邻的单元格中,如图 2.37 所示。

	A	B	C	D	E	F
1	客户信息					
2	日期	VIP状态	客户姓名	性别	身份证号	
3	11月1号	5*	张一	男	110120199702151245	19970215
4	11月2号	4*	张二	女	110145199803164612	
5	11月3号	1*	张三	男	110562198105023256	
6	11月4号	1*	张四	男	110123199602167845	
7	11月5号	3*	张五	女	110489199709174895	
8	11月5号	4*	张六	男	110451200101068912	
9	11月5号	2*	张七	男	110784199505042689	
10	11月6号	1*	张八	女	110489199402054561	

图 2.36 输入客户出生信息

	A	B	C	D	E	F
1	客户信息					
2	日期	VIP状态	客户姓名	性别	身份证号	出生日期
3	11月1号	5*	张一	男	110120199702151245	19970215
4	11月2号	4*	张二	女	110145199803164612	19980316
5	11月3号	1*	张三	男	110562198105023256	19810502
6	11月4号	1*	张四	男	110123199602167845	19960216
7	11月5号	3*	张五	女	110489199709174895	19970917
8	11月5号	4*	张六	男	110451200101068912	20010106
9	11月5号	2*	张七	男	110784199505042689	19950504
10	11月6号	1*	张八	女	110489199402054561	19940205

图 2.37 提取客户出生信息

2. 替换敏感数据

(1) 定位到含有敏感信息的列,如手机号码。

（2）选中需要加密的手机号码单元格。选择适当的替换规则，比如用星号（＊）替换手机号码的中间四位，如图 2.38 所示。

（3）然后依次单击"开始"→"填充"→"智能填充"，或者直接按 Ctrl＋E 组合键，智能填充会自动应用此规则到所有选中的单元格中，如图 2.39 所示。

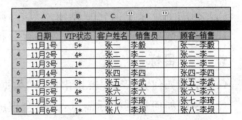

	日期	VIP状态	客户姓名	性别	电话	加密手机号
1						
2	11月1号	5*	张一	男	15648945576	156****5576
3	11月2号	4*	张二	女	14895784589	
4	11月3号	1*	张三	男	14859684257	
5	11月4号	1*	张四	男	12278456954	
6	11月5号	3*	张五	女	14835981547	
7	11月5号	4*	张六	男	16654872359	
8	11月5号	2*	张七	男	18425652554	
9	11月6号	1*	张八	女	14855545478	

图 2.38　加密手机号　　　　　　　图 2.39　智能填充信息

3. 合并不同来源的数据

（1）当需要将不同列的数据合并到一起时，打开包含这些数据的表格。

（2）选择需要合并的数据范围，并按照规则进行输入，如图 2.40 所示。

（3）然后依次单击"开始"→"填充"→"智能填充"，或者直接按 Ctrl＋E 组合键，智能填充将自动完成数据合并，生成整合后的数据表格，如图 2.41 所示。

	日期	VIP状态	客户姓名	销售员	顾客-销售
1					
2	11月1号	5*	张一	李毅	张一-李毅
3	11月2号	4*	张二	李二	
4	11月3号	1*	张三	李三	
5	11月4号	1*	张四	李四	
6	11月5号	3*	张五	李武	
7	11月5号	4*	张六	李六	
8	11月5号	2*	张七	李琦	
9	11月6号	1*	张八	李坝	

图 2.40　数据合并　　　　　　　图 2.41　智能填充信息

✾ 操作技巧

（1）在使用 Ctrl＋E 组合键智能填充功能之前，要确保所选区域的数据格式是一致的，以便正确应用提取、替换或合并规则。

（2）当智能填充无法识别复杂模式时，可以尝试给出更多的示例，以帮助智能填充理解数据的模式。

（3）在处理敏感数据时，务必遵守相关的数据保护法规和公司政策，确保不泄露客户的隐私信息。

（4）在完成智能填充操作后，要仔细检查结果是否符合预期，以避免数据错误传播到整个表格中。

✾ 能力拓展

拓展 1：利用智能填充创建自定义列表

请使用智能填充功能来创建和使用自定义列表，比如产品名称、地区名称或其他重复出现的项。

拓展 2：自动填充日期和时间序列

请使用 Ctrl＋E 组合键智能填充来快速创建日期和时间序列。

拓展 3：利用条件格式化突出显示数据

请结合使用智能填充和条件格式化功能,对数据进行视觉上的突出显示。例如,对超过目标销售额的数值应用不同的颜色或字体样式。

任务 2.10 简化输入，提升效率：录入条件与下拉菜单的应用

❀ 案例描述

作为一家大型连锁零售超市的库存管理专员,你负责监控和更新数千种商品的库存状态。这些商品涵盖多个品类,每个品类下有不同的品牌和型号。为了提高库存数据的输入速度和准确性,你决定在 WPS 表格中利用"数据有效性"功能设置录入条件和下拉菜单。

❀ 素质目标

(1) 通过设置标准化的输入条件,提升数据规范性,体现严谨的工作态度。

(2) 利用下拉菜单简化数据输入过程,减少错误,提升工作效率和数据质量。

(3) 确保数据准确录入,为后续库存分析和决策提供可靠依据。

❀ 学习目标

(1) 学习如何在 WPS 表格中设置"数据有效性",以及如何创建和应用下拉菜单。

(2) 掌握如何根据实际需求,制定合理的数据输入规则和条件。

(3) 学习如何构建多级下拉菜单,实现数据输入的动态联动。

❀ 案例分析

在管理库存时,需要输入商品的性别定位,如男装、女装或儿童装。选中性别列,按住 Shift 键选中整列,单击"数据"→"有效性",在"允许"中选择"序列",来源中输入"男,女,儿童",单击"确定"按钮,此时性别列的每个单元格都会出现一个下拉箭头,单击即可选择性别。

对于商品的品牌和型号,创建级联下拉菜单可简化输入过程。在一个单独工作表中列出所有品牌和相应型号,在商品信息表中,为品牌列设置基础下拉菜单,来源选择列出的品牌,然后,为型号列设置动态下拉菜单,其选项基于所选品牌动态变化。以上通过 WPS 表格的"间接"函数和数据有效性功能来实现。

数据有效性功能如图 2.42～图 2.44 所示。

❀ 操作步骤

1. 表格内容

为了完成上述案例中的操作,需要创建一个库存管理表格,这个表格至少应该包含以下几个工作表。

(1) 商品信息表。此表用于记录商品的详细信息,如品牌、型号等,具体如下。A 列：品牌(Brand)；B 列：型号(Model)；D 列：数量(Quantity)；E 列：颜色(Color)；F 列：人

| 文件 ∨ | 开始 | 插入 | 页面 | 公式 | 数据 | 审阅 | 视图 | 工具 | 会员专享 | 效率 |

数据透视表　筛选 ∨　全部显示　重新应用　排序 ∨　重复项 ∨　数据对比 ∨　分列 ∨　有效性 ∨　填充 ∨　查找录入　下拉列表　合并计算　分类汇总　取消组合 ∨　创建组

F9　fx　女

11月入库明细表

序号	日期	产品编码	产品名称	规格型号	性别	单位	数量	供货商电话	备注
1	2023/12/1	NM-001	童装	V-001	男	件	5	13548296725	河北
2	2023/12/2	NM-002	男装	V-002	男	件	6	16264499879	上海
3	2023/12/3	NM-003	男鞋	V-003	男	双	5	18980703033	天津
4	2023/12/4	NM-004	女鞋	V-004	女	双	9	11696906187	北京
5	2023/12/5	NM-005	女装	V-005	女	件	3	14413109341	湖南
6	2023/12/6	NM-006	童装	V-006	男	件	6	17129312495	山东
7	2023/12/7	NM-007	女鞋	V-007	女	双	2	19845515649	黑龙江
8	2023/12/8	NM-008	童装	V-008	女	件	6	12561718803	河南
9	2023/12/9	NM-009	男装	V-009	男	件	6	15277921957	江西
10	2023/12/10	NM-010	男鞋	V-010	男	双	2	17994125111	浙江
11	2023/12/11	NM-011	女鞋	V-011	女	双	8	17710328265	江苏
12	2023/12/12	NM-012	女装	V-012	女	件	7	13426531419	安徽
13	2023/12/13	NM-013	童装	V-013	女	件	3	16642734573	湖北
14	2023/12/14	NM-014	女装	V-014	女	件	9	18858937727	陕西
15	2023/12/15	NM-015	童装	V-015	男	件	4	13575140881	吉林
16	2023/12/16	NM-016	男装	V-016	男	件	9	14291344035	贵州
17	2023/12/17	NM-017	男鞋	V-017	男	双	6	17707547189	山西
18	2023/12/18	NM-018	女鞋	V-018	女	双	8	17723750343	辽宁
19	2023/12/19	NM-019	女装	V-019	女	件	3	14439953497	广东
20	2023/12/20	NM-020	童装	V-020	男	件	6	15056156651	重庆

（下拉列表：男　女　儿童）

图 2.42　数据有效——性别

11月入库明细表

序号	日期	产品编码	产品名称	规格型号	性别	单位	数量	供货商电话
1	2023/12/1	NM-001	童装	V-001	男	件	5	13548296725
2	2023/12/2	NM-002	男装	V-002	男	件	6	16264499879
3	2023/12/3	NM-003	男鞋	V-003	男	双	5	18980703033
4	2023/12/4	NM-004	女鞋	V-004	女	双	9	11696906187
5	2023/12/5	NM-005	女装	V-005	女	件	3	14413109341
6	2023/12/6	NM-006	童装	V-006	男	件	6	17129312495
7	2023/12/7	NM-007	女鞋	V-007	女	双	2	19845515649
8	2023/12/8	NM-008	童装	V-008	女	件	6	12561718803
9	2023/12/9	NM-009	男装	V-009	男	件	6	15277921957
10	2023/12/10	NM-010	男鞋	V-010	男	双	2	17994125111
11	2023/12/11	NM-011	女鞋	V-011	女	双	8	17710328265
12	2023/12/12	NM-012	女装	V-012	女	件	7	13426531419
13	2023/12/13	NM-013	童装	V-013	女	件	3	16642734573
14	2023/12/14	NM-014	女装	V-014	女	件	9	18858937727
15	2023/12/15	NM-015	童装	V-015	男	件	4	13575140881
16	2023/12/16	NM-016	男装	V-016	男	件	9	14291344035
17	2023/12/17	NM-017	男鞋	V-017	男	双	6	17707547189
18	2023/12/18	NM-018	女鞋	V-018	女	双	8	17723750343
19	2023/12/19	NM-019	女装	V-019	女	件	3	14439953497
20	2023/12/20	NM-020	童装	V-020	男	件	6	15056156651

（下拉列表：童装　男装　男鞋　女装　女鞋）

图 2.43　数据有效——名称

11月入库明细表

序号	日期	产品编码	产品名称	规格型号	性别	单位	数量	供货商电话
1	2023/12/1	NM-001	童装	V-001	男	件	5	13548296725
2	2023/12/2	NM-002	男装	V-002	男	件	6	16264499879
3	2023/12/3	NM-003	男鞋	V-003	男	双	5	18980703033
4	2023/12/4	NM-004	女鞋	V-004	女	双	9	11696906187
5	2023/12/5	NM-005	女装	V-005	女	件	3	14413109341
6	2023/12/6	NM-006	童装	V-006	男	件	6	17129312495
7	2023/12/7	NM-007	女鞋	V-007	女	双	2	19845515649
8	2023/12/8	NM-008	童装		女	件	6	12561718803
9	2023/12/9	NM-009	男装		男	件	6	15277921957
10	2023/12/10	NM-010	男鞋	V-001	男	双	2	17994125111
11	2023/12/11	NM-011	女鞋	V-002	女	双	8	17710328265
12	2023/12/12	NM-012	女装	V-003	女	件	7	13426531419
13	2023/12/13	NM-013	童装	V-004	女	件	3	16642734573
14	2023/12/14	NM-014	女装	V-005	女	件	9	18858937727
15	2023/12/15	NM-015	童装	V-006	男	件	4	13575140881
16	2023/12/16	NM-016	男装		男	件	9	14291344035
17	2023/12/17	NM-017	男鞋	V-007	男	双	6	17707547189
18	2023/12/18	NM-018	女鞋	V-008	女	双	8	17723750343
19	2023/12/19	NM-019	女装	V-009	女	件	3	14439953497
20	2023/12/20	NM-020	童装		男	件	6	15056156651

图 2.44　数据有效——型号

库日期(DateofEntry)。

(2) 品牌型号表。此表用于列出所有品牌及其对应的型号,每个品牌的型号应该定义为一个命名区域。它将被用来创建级联下拉菜单,可以设计成以下形式。A 列:品牌名称(BrandName);B 列及后续列:该品牌的型号(Model1,Model2,...),如表 2.1 所示。

表 2.1 品牌型号表

Brand Name	Model 1	Model 2	Model 3	…
Brand A	A1	A2	A3	…
Brand B	B1	B2	B3	…
…	…	…	…	…

在这个表中,需要为每个品牌的型号定义一个命名区域,以便在商品信息表中创建动态下拉菜单。

2. 制作表格

(1) 创建商品信息表。打开 WPS 表格,创建一个新的工作表。按照上述描述添加列标题,并根据需要设置列宽,如图 2.45 所示。

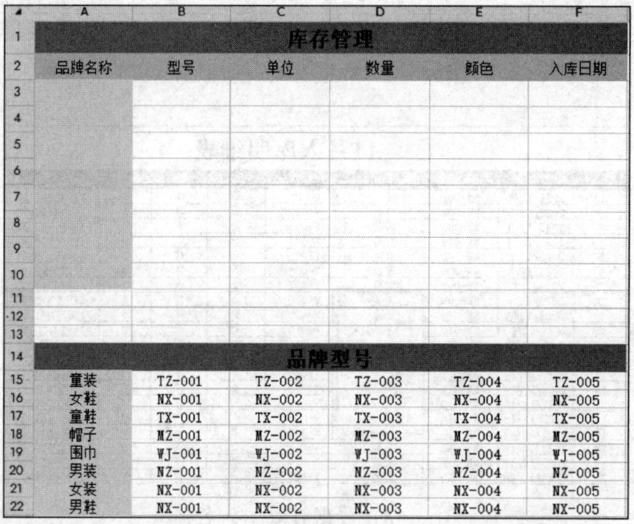

库存管理					
品牌名称	型号	单位	数量	颜色	入库日期
品牌型号					
童装	TZ-001	TZ-002	TZ-003	TZ-004	TZ-005
女鞋	NX-001	NX-002	NX-003	NX-004	NX-005
童鞋	TX-001	TX-002	TX-003	TX-004	TX-005
帽子	MZ-001	MZ-002	MZ-003	MZ-004	MZ-005
围巾	WJ-001	WJ-002	WJ-003	WJ-004	WJ-005
男装	NZ-001	NZ-002	NZ-003	NZ-004	NZ-005
女装	NX-001	NX-002	NX-003	NX-004	NX-005
男鞋	NX-001	NX-002	NX-003	NX-004	NX-005

图 2.45 数据有效——创建列表

(2) 创建品牌型号表。创建一个新的工作表,命名为“品牌型号”。在 A 列输入品牌名称,从 B 列开始输入对应的型号。

为每个品牌的型号定义一个命名区域。例如,选择 BrandA 型号,然后在名称框中输入 Brand_A 作为该区域的名称。

(3) 设置商品信息表的数据有效性。在品牌列(A 列)上设置数据有效性,选择品牌型号表中的所有品牌作为下拉菜单的来源。

选择需要输入品牌名称的区域,单击“数据”→“有效性”,在“允许”中选择“序列”,来源中输入“童装,女鞋,童鞋,……”,使用英文逗号分隔,单击“确定”按钮,如图 2.46 所示;或单击来源下方表格进行数据选择,单击“确定”按钮,如图 2.47 所示。效果如图 2.48 所示。

图 2.46　数据有效——序列

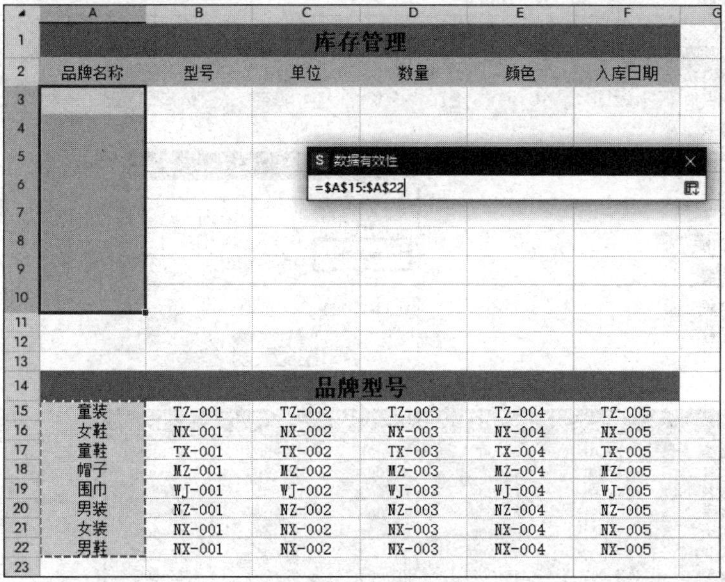

图 2.47　数据有效——数据选择

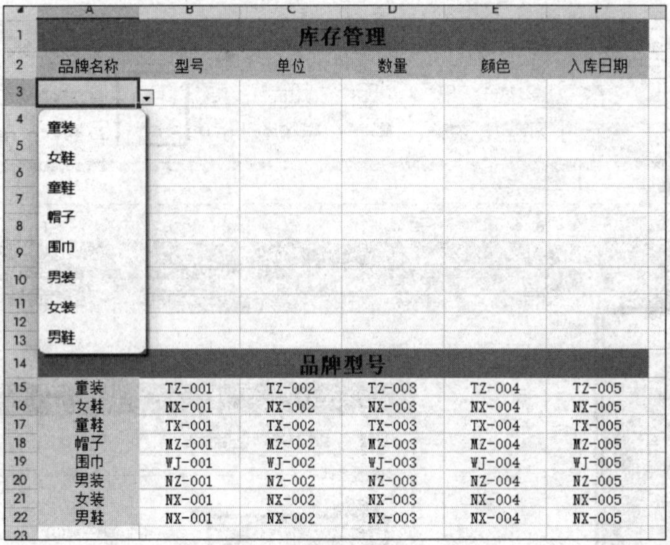

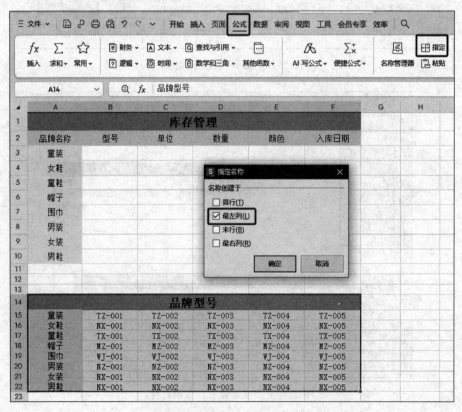

图 2.48　数据有效——品牌

在型号列(B列)上设置数据有效性,使用公式"=INDIRECT(A2)"(假设 A2 是品牌列的第一个单元格)来创建基于所选品牌的动态下拉菜单。

① 选择品牌型号区域范围,单击"公式"→"指定","指定名称"选择"最左列"(根据实际情况),单击"确定"按钮,如图 2.49 所示。

图 2.49　数据有效——指定

② 选择需要输入型号的区域,单击"数据"→"有效性",在"允许"中选择"序列","来源"中输入"＝INDIRECT(A15)",单击"确定"按钮,如图 2.50 所示。效果如图 2.51 所示。

图 2.50　数据有效——INDIRECT(A15)

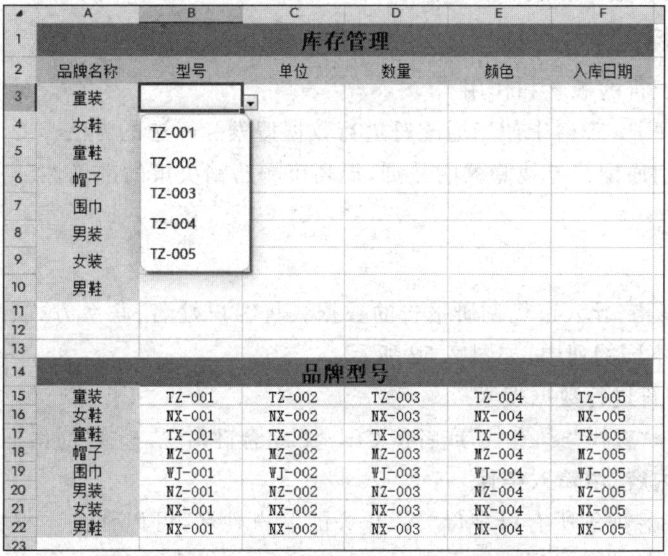

图 2.51　数据有效——品牌型号

（4）设置其他列的数据有效性（如颜色和日期）。对于颜色列，可以设置一个下拉菜单，包含预定义的颜色选项；对于入库日期列，可以设置数据有效性规则，要求输入的日期不能早于当前日期（在设置中选择"日期"）。

✿ **操作技巧**

确保输入的数据有效性条件正确，避免错误设置导致数据输入不当。在设置级联下拉菜单时，保证命名区域准确，以确保下拉菜单正确显示关联数据。定期检查和更新品牌和型号列表，确保数据的时效性和准确性。在输入数据前，建议先进行数据有效性设置，避免对大量已输入数据进行重新校验。

✿ **能力拓展**

尝试为商品的颜色设置一个下拉菜单，颜色选项包括"红色""蓝色""绿色""黄色"等。

任务 2.11　利用通配符整理休闲小厨早餐外卖预定

✿ **案例描述**

假设你经营了一家悠闲小厨，每天早上都要统计昨夜的电话预定情况，并记录到 WPS 表格中。下面我们将使用 WPS 表格中的通配符功能来搜寻并统计数据。

✿ **素质目标**

（1）敬业务实。在日常工作中，要致力于实现简洁高效的数据管理，通过使用 WPS 表格的通配符等功能，确保能够快速准确地统计预订信息，从而为顾客提供及时的服务。

（2）服务至上。要始终把顾客的需求放在首位，在准备早餐的过程中，通过精确的数据统计，确保每位顾客都能得到满意的服务体验。

（3）精益求精。要不断改进工作流程，通过技术手段优化数据统计方法，力求在提供服务的同时，提升工作效率和服务质量。

✿ **学习目标**

（1）理解通配符的概念和作用。

（2）掌握在 WPS 表格中使用通配符进行数据搜索和筛选的方法。

（3）学会利用通配符寻找隐藏的数据，提高市场营销决策的准确性。

✿ **操作步骤**

1. 导入数据

打开 WPS 表格，导入市场调研报告的数据。将客户姓名、联系方式、购买记录等信息放在不同的列中，如图 2.52 所示。

2. 使用通配符进行数据搜索

单击"开始"→"查找"→"查找"或者按 Ctrl＋F 组合键出现"查找"对话框，如图 2.53 所示。

3. 在"查找内容"中输入条件

例如，如果你想搜索所有以字母"A"开头的客户姓名，可以在文本框中输入"A＊"，单击"查找全部"按钮，即可找到对应内容，如图 2.54 所示（新版 WPS 可以不加＊）。

▲	A	B	C	D	E	F	G	H	I
1				休闲小厨早餐外卖电话预定					电话
2	顾客A	茄夹	藕夹	馄饨	煎饼果子	老豆腐	鸡排		13548296725
3	顾客B	藕夹	鸡排	老豆腐	油条				16264499879
4	顾客C	老豆腐	老豆腐	大饼鸡蛋*鸡排					18980703033
5	顾客D	鸡排	藕夹	煎饼果子					11696906187
6	顾客E	鸡排	茄夹	大饼鸡蛋					14413109341
7	顾客F	大饼鸡蛋*茄夹	大饼鸡蛋*藕夹	煎饼果子	煎饼果子				17129312495
8	顾客G	茄夹	馄饨	大饼鸡蛋*鸡排					19845515649
9	顾客H	大饼鸡蛋*鸡排	煎饼果子						12561718803
10	顾客A1	老豆腐	老豆腐	煎饼果子					15277921957
11	顾客B1	鸡排	藕夹	煎饼果子					17994125111
12	顾客C1	大饼鸡蛋*茄夹	大饼鸡蛋*藕夹	煎饼果子	煎饼果子				17710328265
13	顾客D1	茄夹	馄饨	大饼鸡蛋*鸡排					13426531419
14	顾客E1	鸡排	藕夹	煎饼果子					16642734573
15	顾客F1	茄夹	藕夹	馄饨	煎饼果子	老豆腐			18858937727
16	顾客G1	藕夹	鸡排	老豆腐	油条				13575140881
17	顾客H1	鸡排	茄夹	大饼鸡蛋					14291344035
18	顾客A2	豆浆	老豆腐	大饼鸡蛋*鸡排					17707547189
19	顾客B2	大饼鸡蛋	藕夹	煎饼果子					17723750343
20	顾客C2	大饼鸡蛋*茄夹	大饼鸡蛋*鸡排	煎饼果子	煎饼果子				14439953497
21	顾客D2	茄夹	豆浆	大饼鸡蛋*鸡排					15056156651
22									

图 2.52　创建表格导入数据

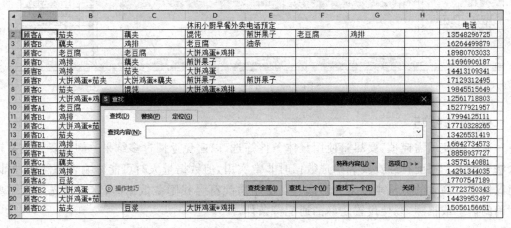

图 2.53　"查找"对话框

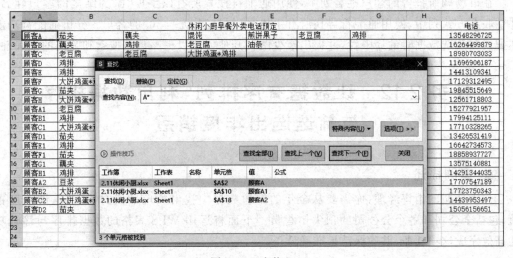

图 2.54　查找 A *

4. 使用通配符寻找隐藏的数据

在市场调研报告中,有时客户的联系方式较多,不好查询,这时可以使用通配符来寻找隐藏的数据。例如,如果知道客户的手机号码前三位是"166",但不确定后面的几位数字,便可以在查找内容中输入"166 * "进行搜索,如图 2.55 所示。

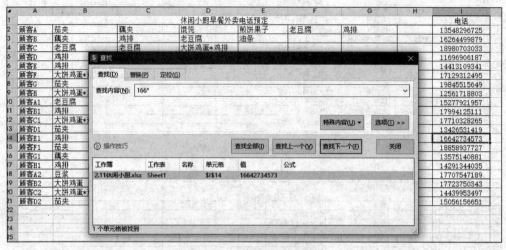

图 2.55　查找"166 * "

❈ 操作技巧

通配符使用需谨慎,要尽量使用具体条件筛选,以避免返回过多结果。问号要在英文输入法下输入。通配符在查找和筛选数据时非常实用,但数据量大时可能影响表格性能,所以建议使用更高效的方法来搜索和筛选。在使用通配符寻找隐藏数据时,需要预先知道一些明确的信息或推测,以便设置正确的通配符条件。

❈ 能力拓展

在市场调研报告的客户姓名列中,使用通配符搜索所有以字母"B"为结尾的客户姓名,并在联系方式列中,使用通配符寻找所有手机号码前三位是"456"的客户。分析通配符功能在搜索和筛选数据时的局限性,并提出至少两种其他方法以提高数据搜索和筛选的准确性。

任务 2.12　让数据有序排列: 利用数据排序
与筛选选出年度销冠

❈ 案例描述

作为公司的销售经理,你需要从全年的销售数据中找出表现最佳的销售员,即年度销冠,包括全公司和各个分公司的顶尖销售员。下面将运用 WPS 表格的数据排序与筛选功能高效完成这项任务,并确保结果准确公正。

❈ 素质目标

(1)通过对数据的客观分析,确保每位员工的努力都得到公正的评价和认可。

（2）掌握数据排序与筛选技能，提高管理决策的科学性和有效性。

（3）通过数据分析，关注每位员工的成长和进步，为他们提供发展的方向。

❋ 学习目标

（1）理解数据排序和筛选功能在销售数据分析中的应用及其重要性。

（2）掌握在 WPS 表格中使用数据排序和筛选功能的具体操作步骤。

（3）学会利用排序和筛选功能找出关键数据。

❋ 操作步骤

1. 打开 WPS 表格文档并选择列

打开 WPS 表格，打开含有全年销售数据的 WPS 表格文档。选择全体员工的"年度销售数据"列，如图 2.56 所示。

	A	B	C
1	姓名	分公司	年度销售数据
2	方舟子	华北公司	92
3	陈可义	华西公司	100
4	王大可	华东公司	64
5	蓝天天	华西公司	72
6	李贝贝	华南公司	76
7	张贝贝	华东公司	88
8	张小敏	华北公司	88
9	张天天	华西公司	88
10	陈启子	华东公司	98
11	苏三十	华北公司	83
12	吴圆圆	华西公司	92
13	陈芳芳	华南公司	98

图 2.56 年度销售数据表

2. 数据筛选和排序

（1）单击"开始"→"筛选"，然后单击"年度销售数据"列右下角的下三角按钮，单击"降序"排序，此时，排名第一的即为全公司的年度销冠，如图 2.57 所示。

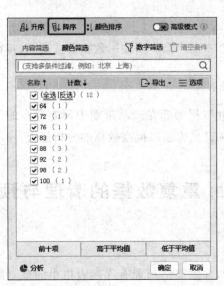
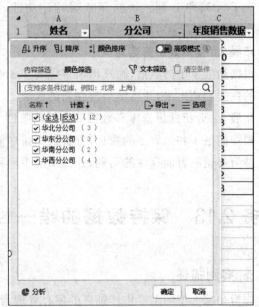

图 2.57 排序和筛选

(2) 为了找出各分公司的销冠,我们需要对数据进行筛选。

单击“开始”→“筛选”,然后在“分公司”列的筛选下拉列表中,选择一个分公司进行筛选。例如,选择“华北公司”,筛选后,仅显示该分公司的员工销售数据,如图 2.57 所示。

(3) 对筛选出的分公司数据进行降序排序,此时排名第一的即为该分公司的年度销冠。

(4) 记录下每个分公司的年度销冠以及全公司的年度销冠。

3. 打印表格

如果需要,可以利用 WPS 表格的打印功能将结果打印出来,或者将结果通过电子邮件发送给相关人员。

在进行数据分析时,还可以使用颜色、范围或高级筛选功能来设置多个条件,例如,筛选出特定时间段内的销售数据,或者结合销售额和其他业绩指标来进行更复杂的分析。

✲ 操作技巧

(1) 在进行排序和筛选之前,要确保所有数据都是准确无误的,避免因数据错误而导致分析结果不准确。

(2) 在筛选数据时,要注意是否有隐藏的行或列,防止影响筛选结果。

(3) 排序和筛选操作可能会改变数据的原始排列顺序,如果需要保留原始数据,可以先复制一份数据再进行操作。

(4) 在处理大量数据时,可以使用 WPS 表格的“冻结窗格”功能,以便在滚动查看数据时,仍然可以看到列标题。

✲ 能力拓展

拓展 1:使用数据排序功能

假设你收到了另一家公司的产品销售数据,在 WPS 表格中,将产品名称和销售额分别放在了 A 列和 B 列。请使用数据排序功能,按照销售额从高到低的顺序对数据进行排序。

拓展 2:使用数据筛选功能

根据拓展 1 中的数据,筛选出销售额大于 10000 的产品。请使用数据筛选功能,将符合条件的数据筛选出来,并将结果放在新的区域。

拓展 3:分析数据排序和数据筛选的局限性

根据拓展 1 和拓展 2 的数据,分析数据排序和数据筛选在产品策划中可能存在的局限性。请简要说明可能存在的问题,并提出至少两种其他方法以提高数据的分析能力。

任务 2.13　保持数据的唯一性:重复数据的清理与预防

✲ 案例描述

作为一家大型图书零售连锁店的库存管理者,你需要清理现有库存表格中的重复图书条目,防止未来录入时出现重复项,并确保库存数据的准确性。

❋ **素质目标**

(1) 通过精确数据管理提升效率,降低资源浪费,体现科学管理理念。

(2) 确保数据准确性,体现对工作的负责态度和对企业的忠诚。

(3) 学习和运用 WPS 表格高级功能,体现不断学习新技能的精神。

❋ **学习目标**

(1) 掌握使用 WPS 表格清理重复数据的技术。

(2) 学会设置数据有效性规则以防止未来数据的重复录入。

(3) 培养对数据处理细节的关注,提高问题解决能力。

❋ **操作步骤**

1. 清理重复数据

(1) 打开 WPS 表格软件,打开含有图书信息的 WPS 表格。

选中"图书名称"列,单击"数据"→"重复项"→"设置高亮重复项",此时重复的数据已被颜色填充,如图 2.58 所示。

(2) 单击"数据"→"重复项"→"删除重复项",在弹出的"删除重复项"对话框中选择"图书名称",单击"删除重复项"按钮,即可删除重复项,如图 2.59 所示。

图 2.58　设置高亮重复项

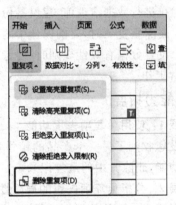

图 2.59　删除重复项

2. 防止数据重复录入

(1) 选中要防止数据重复输入的单元格区域,例如,选中"图书名称"列,单击"数据"→"重复项"→"拒绝录入重复项",如图 2.60 所示。

(2) 设置好后,在该列中输入重复内容时会弹出重复警告框,双击回车键可继续输入。

若需设置成禁止输入重复项,则需要单击"数据"→"有效性",在弹出的对话框中设置"出错警告"的"样式"为"禁止"。此时,按回车键也无法在"图书名称"列输入任何重复项了,如图 2.61 所示。

图 2.60　拒绝录入重复项

3. 清除设置

如需取消设置,则单击"重复项"→"清除拒绝录入限制"即可,如图 2.62 所示。

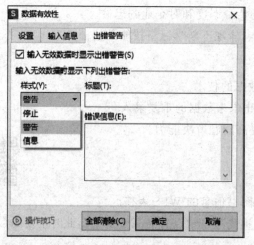

图 2.61　设置出错警告样式

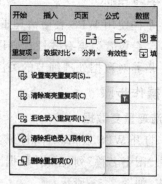

图 2.62　清除拒绝录入限制

✿ 操作技巧

(1) 在进行数据清理前,建议备份原始数据以防万一。

(2) 删除重复项时,要确保选中的列是准确识别重复图书的关键字段。

(3) 设置数据有效性规则时,要考虑到实际操作的便利性,避免使用过于严格的规则而影响正常工作。

✿ 能力拓展

拓展 1:使用重复项去重功能

假设您收到了另一个产品的销售数据表格。请打开该表格,并使用 WPS 表格的重复项去重功能,删除其中的重复记录。

拓展 2:分析重复项去重的局限性

根据拓展 1 中的数据,分析重复项去重功能在数据清洗中可能存在的局限性。请简要说明可能存在的问题,并提出至少两种其他数据清洗方法以提高数据的准确性。

任务 2.14　掌握关键数据分析技巧:WPS 表格中的引用类型全解析

✿ 案例描述

作为一家时尚服装店的经理,你需要分析过去一年的销售数据,以了解每位服务员更擅长销售男装还是女装,并据此分配销售任务。使用 WPS 表格中的绝对引用、混合引用和相对引用功能,计算每位员工的总销量(元),换算成万元,并确定每位员工在男装和女装销售上的占比,以此为依据为每位服务员定位最佳销售方向。

✽ **素质目标**

（1）目标导向。通过数据分析确立销售策略,展现出以结果为导向的工作态度。

（2）专业发展。提升个人数据分析能力,促进员工职业成长和店铺业绩提升。

（3）团队协作。通过数据驱动的决策,促进团队成员间的合作与协调。

✽ **学习目标**

（1）理解并应用 WPS 表格中的绝对引用、混合引用和相对引用。

（2）利用这些引用类型处理实际数据问题。

（3）根据分析结果,制定合理的销售人员分配方案。

✽ **操作步骤**

1. 汇总销售数据

在 WPS 表格中输入员工姓名、男装销量、女装销量。

在计算总销量的公式单元格中输入"＝B2＋C2",然后按下回车键。这里使用的是相对引用,因为当将公式拖动或复制到其他单元格时,引用将相应地改变,如图 2.63 所示。

	A	B	C	D	E	F	G	H
	员工姓名	男装销量	女装销量	总销量（元）	换算为万元	男装销量占比	女装销量占比	
2	张小敬	35000	55500	90500				
3	方舟子	54000	58200	112200				
4	陈可义	32300	54800	87100				
5	王大可	34700	56300	91000				
6	蓝天天	36200	52000	88200				
7	张天天	281000	57700	338700				
8	陈启子	30800	53000	83800				
9	吴圆圆	13400	54900	68300				
10	李贝贝	35500	58400	93900				
11	苏三十	37600	59000	96600				
12	张贝贝	39800	51400	91200				
13	陈芳芳	40400	50200	90600				
14								
15	万元	10000						

图 2.63　使用相对应用计算总和

2. 转换销售单位

假设 B15 是换算率单元格,首先单击要输入公式的单元格,然后键入"＝D2/",接着单击 B15 单元格。

在选中 B15 单元格引用后,按下 F4 键直到公式变成"＝D2/＄B＄15",这样就设置了绝对引用。

按回车键完成公式输入。这样,无论将公式复制到哪里,"＄B＄15"的引用都不会改变,如图 2.64 所示。

3. 确定销售占比

假设要在 F2 单元格计算男装销售占比,输入"＝B2/",然后单击"总销量（元）"单元格（如 D2）。

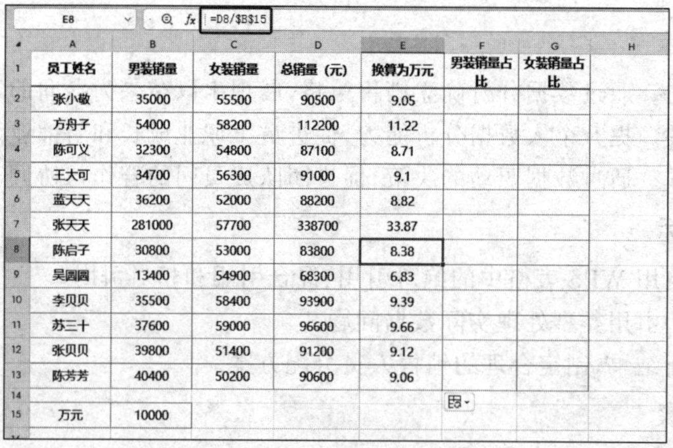

图 2.64　使用绝对应用换算单位

在选中 D2 后,按 F4 键直到公式变成"=B2/$D2"。这里使用了混合引用,将公式向下拖动时行号随之变化,但列号保持不变,如图 2.65 所示。

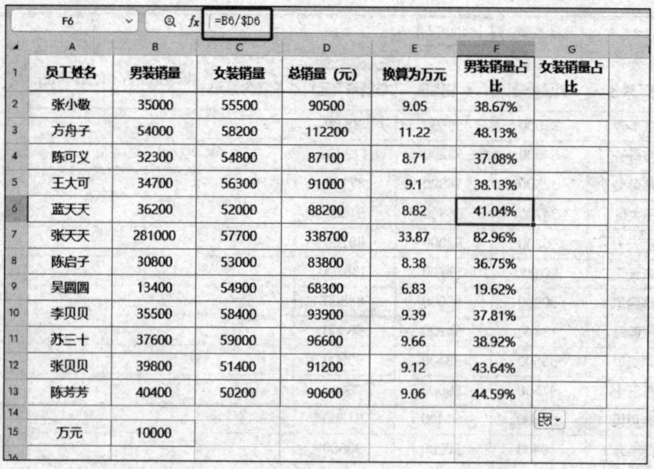

图 2.65　使用混合应用计算占比——男装销量

按下回车键完成公式输入。对于女装销售占比的计算也采用相同的方法,如图 2.66所示。

4. 分配销售任务

根据占比结果,比较 F 列和 G 列的数据,为每位服务员指定专注于男装或女装的销售任务。

❋ 操作技巧

函数引用类型的应用包括相对引用(复制公式时单元格引用根据目标位置相对改变,适用于动态变化的计算)、绝对引用(复制公式时单元格引用保持不变,适用于固定单元格的引用,如固定税率)和混合引用(结合相对和绝对引用特点,复制公式时固定行或列,适用于特定数据操作)。使用 F4 键在相对、绝对和混合引用之间快速切换,可提高数据处理的速度和灵活性。

G7　=C7/$D7

	A	B	C	D	E	F	G
1	员工姓名	男装销量	女装销量	总销量（元）	换算为万元	男装销量占比	女装销量占比
2	张小敬	35000	55500	90500	9.05	38.67%	61.33%
3	方舟子	54000	58200	112200	11.22	48.13%	51.87%
4	陈可义	32300	54800	87100	8.71	37.08%	62.92%
5	王大可	34700	56300	91000	9.1	38.13%	61.87%
6	蓝天天	36200	52000	88200	8.82	41.04%	58.96%
7	张天天	281000	57700	338700	33.87	82.96%	17.04%
8	陈启子	30800	53000	83800	8.38	36.75%	63.25%
9	吴圆圆	13400	54900	68300	6.83	19.62%	80.38%
10	李贝贝	35500	58400	93900	9.39	37.81%	62.19%
11	苏三十	37600	59000	96600	9.66	38.92%	61.08%
12	张贝贝	39800	51400	91200	9.12	43.64%	56.36%
13	陈芳芳	40400	50200	90600	9.06	44.59%	55.41%
14							
15	万元	10000					

图 2.66　使用混合应用计算占比——女装销量

✲ 能力拓展

拓展 1：使用相对引用预测利润

任务：基于当前数据，使用相对引用预测未来三个月的利润。

公式："＝销售额单元格－成本单元格"（其中，销售额和成本单元格应使用相对引用，以便公式可以被拖拽复制到预测月份的单元格中）。

拓展 2：使用混合引用计算利润率

任务：利用当前数据，使用混合引用来计算未来三个月的利润率。

公式："＝利润单元格/销售额单元格"（其中，销售额单元格应使用绝对引用以保持不变，利润单元格使用相对引用以适应不同月份）。

拓展 3：分析函数引用的局限性

任务：分析在财务预测中使用函数引用可能遇到的局限性，并提出改进预测准确性的方法。

分析：可能的问题包括以下几点。

(1) 历史数据可能不足以预测未来趋势。

(2) 市场变化、季节性因素和意外事件可能未被考虑。

改进方法：

方法 1：结合时间序列分析，考虑历史数据的趋势和周期性变化。

方法 2：使用统计模型或机器学习算法来分析更复杂的数据模式和预测未来的变化。

任务 2.15　精通 SUM 函数：WPS 表格中的高效财务管理秘籍

✲ 案例描述

假设你是一家繁忙宠物店的老板。为了简化每月末的烦琐账务处理，你决定使用 WPS 表格来记录每日的收入和支出。下面将学习通过 WPS 表格录入数据、应用 SUM 函数，并最终得出每月的总收入和总支出，以及净利润。

❈ 素质目标

(1) 采用科技工具优化工作流程,体现出追求高效的现代管理理念。

(2) 通过学习和应用新技能,展现出不断创新和适应时代变化的精神。

(3) 准确的财务管理体现了对企业负责、对客户负责的专业态度。

❈ 学习目标

(1) 掌握 SUM 函数的基本用法,进行快速求和计算。

(2) 学会在实际场景中有效应用 SUM 函数,以提升工作效率。

(3) 通过自动化处理数据,确保财务数据的准确性和可靠性。

❈ 操作步骤

1. 录入每日数据

打开 WPS 表格,创建两列分别记录每日的收入和支出。

例如,在 A 列输入日期,在 B 列输入每日收入,在 C 列输入每日支出,如图 2.67 所示。

2. 应用 SUM 函数计算总收入

在 B 列下方找到一个空白单元格,假设为 B31,输入"＝SUM(B1:B30)",然后按回车键。

这个公式将自动计算出从 B1 到 B30 单元格内所有数值的总和,即整个月的总收入,如图 2.68 所示。

图 2.67　创建表格图　　　　　图 2.68　计算总收入

3. 应用 SUM 函数计算总支出

在 C 列下方的相应空白单元格中输入"＝SUM(C1:C30)",然后按回车键。这将计算出整个月的总支出,如图 2.69 所示。

4. 计算净利润

在 D 列的同一行中,输入"＝B31－C31",然后按回车键,即可得到净利润,如图 2.70 所示。

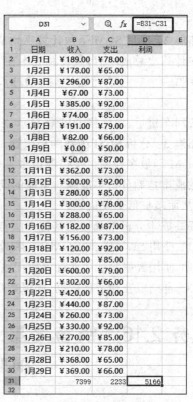

图 2.69 计算总支出图   图 2.70 计算净利润

这里直接使用了相对引用,因为可能需要将这个公式复制到其他月份的净利润计算中。

5. 优化工作流程

可以进一步使用 WPS 表格的其他功能,比如制作图表来直观展示每月的财务状况,或者设置条件格式来突出显示特定的数据,如超出预算的支出。

✿ 操作技巧

(1) SUM 函数主要用于对一系列数字类型的数据进行求和运算,不适用于处理文本或日期类型的数据。

(2) 当使用 SUM 函数进行计算时,应确保所选择的数据范围内仅包含数值数据,避免包含非数值类型的数据,否则这些数据将被忽略。

(3) 如果有多个不连续的数据范围需要计算总和,可以使用多个 SUM 函数分别计算各自范围的和,然后再将这些和相加得到最终结果。

(4) 在引用数据时,应注意排除任何可能导致计算错误的隐藏或错误单元格,以确保结果的准确性。

❋ 能力拓展

拓展 1：使用 SUM 函数计算总成本

在 WPS 表格中，假设部门名称列在 C 列，成本金额列在 D 列。

在 D 列下方的空白单元格中（如 D10），输入公式"＝SUM(D1:D9)"（假设 D1 到 D9 是成本金额的单元格），按回车键，单元格 D10 中将显示从 D1 到 D9 单元格内所有成本金额的总和。

拓展 2：使用 SUM 函数计算平均成本

在计算出总成本后，假设总成本在 D10 单元格中。

在另一个空白单元格中（如 D11），输入公式"＝D10/COUNT(D1:D9)"可计算平均成本。

按回车键后，单元格 D11 将显示该部门的平均成本。

拓展 3：分析 SUM 函数的局限性

SUM 函数在处理包含错误值或非数值数据的单元格时可能不会反映预期的结果，这会导致成本控制分析不准确。可能的问题包括忽略了隐藏的成本或未将所有相关成本包括在内，从而造成低估总成本。

提高成本分析准确性的其他方法有以下几种。

（1）使用 SUMIF 或 SUMIFS 函数来包括特定条件，确保仅计算符合特定标准的成本。

（2）使用数据验证功能确保数据输入的正确性，避免非数值数据的输入。

（3）定期审查和清理数据，确保数据的准确性和完整性。

任务 2.16　销售之星：函数 AVERAGE、MAX 快速揭晓最佳业绩

❋ 案例描述

假设你是一家零售公司的数据分析师，负责评估销售团队的业绩，当前任务是分析过去一年的销售数据，并计算出每位销售人员的平均销售额和最高销售额。

❋ 素质目标

（1）通过客观数据评估，确保业绩评比的公正性，激发团队成员的竞争意识。

（2）利用 WPS 表格的高效计算功能，展现效率至上的工作理念。

（3）通过数据分析发现业绩差距，为销售团队的持续进步和培训提供依据。

❋ 学习目标

（1）学会使用 WPS 表格快速计算平均数和最值。

（2）掌握如何通过数据分析评估销售人员的业绩。

（3）学习如何运用 WPS 表格的功能为业绩管理提供决策支持。

❋ 案例分析

本案例涉及的业绩评估是零售公司管理中的关键部分。通过 WPS 表格的计算功能，

我们可以快速得到销售人员的平均销售额和最高销售额,这有助于公司领导层了解销售团队的整体表现,并对销售策略进行调整。

❋ 操作步骤

1. 计算平均销售额和最高销售额

打开包含销售数据的 WPS 表格,选中包含每个销售人员销售额的列,单击"公式"选项卡,选择"插入函数",找到并选择 AVERAGE 函数计算平均值,如图 2.71 和图 2.72 所示。

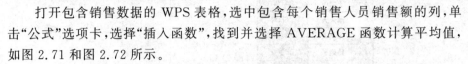

图 2.71　找到 AVERAGE 函数

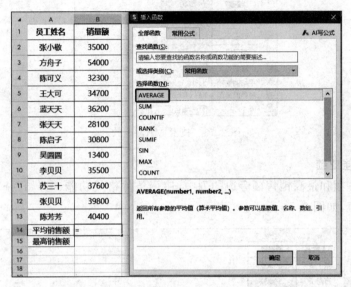

图 2.72　选择数据区域

同样,使用 MAX 函数来找出最高销售额,如图 2.73 所示。

将计算结果记录在表格相应位置。

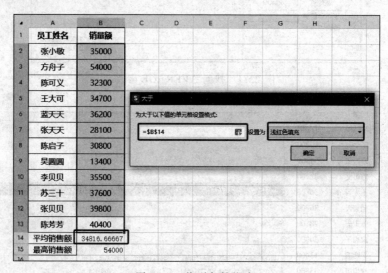

图 2.73 技术 MAX 函数

2. 评估最佳业绩

在平均销售额和最高销售额旁边的列中,使用条件格式功能("开始"→"条件格式")来高亮显示最高值,如图 2.74 所示。

图 2.74 找到条件格式

选择"突出显示单元格规则"中的"大于",输入平均销售额,设置一个颜色进行高亮显示,如图 2.75 所示。

重复相同步骤,但这次选择"等于",输入最高销售额,选择另一个颜色进行高亮显示。

3. 揭晓销售之星

根据高亮显示的数据,快速识别出平均销售额和最高销售额最高的销售人员。将这些信息汇总到一个新的表格或报告中,为管理层提供决策支持。

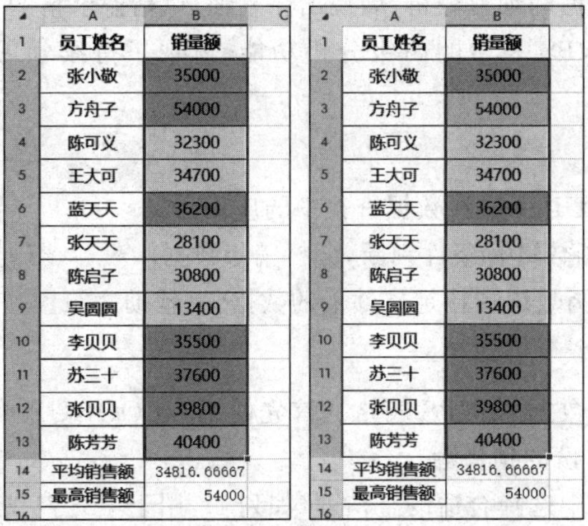

	A	B
1	员工姓名	销量额
2	张小敬	35000
3	方舟子	54000
4	陈可义	32300
5	王大可	34700
6	蓝天天	36200
7	张天天	28100
8	陈启子	30800
9	吴圆圆	13400
10	李贝贝	35500
11	苏三十	37600
12	张贝贝	39800
13	陈芳芳	40400
14	平均销售额	34816.66667
15	最高销售额	54000

	A	B
1	员工姓名	销量额
2	张小敬	35000
3	方舟子	54000
4	陈可义	32300
5	王大可	34700
6	蓝天天	36200
7	张天天	28100
8	陈启子	30800
9	吴圆圆	13400
10	李贝贝	35500
11	苏三十	37600
12	张贝贝	39800
13	陈芳芳	40400
14	平均销售额	34816.66667
15	最高销售额	54000

图2.75 显示大于平均销售额/显示最高销售额

✻ 操作技巧

(1) 快速求平均数和最值函数仅适用于简单的数据分析场景，在复杂的数据集中可能无法准确评估业绩。在实际应用中，可能需要结合其他指标和方法，如销售增长率、客户满意度调查等，以全面评估销售业绩。

(2) 快速求平均数和最值函数只能给出销售额的整体情况，并不能深入分析每个销售人员的具体表现。如果需要更详细的分析，可能需要使用透视表或其他数据透视工具。

✻ 能力拓展

拓展1：使用快速求平均数和最值函数评估销售业绩

假设你收到了另一个产品的过去一年的销售数据。在WPS表格中，将销售人员姓名放在F列，销售额放在G列。请使用函数快速求平均数和最值，计算出该产品的平均销售额和最高销售额，并找出业绩最优秀的销售人员。

拓展2：分析快速求平均数和最值函数的局限性

根据拓展1的数据，分析快速求平均数和最值函数在评估销售业绩时可能存在的局限性。请简要说明可能存在的问题，并提出至少两种其他评估方法以提高评估的准确性。

任务2.17 数据分析的艺术：函数VLOOKUP、IF、SUMIF优化电商运营

✻ 案例描述

假设你是一家电商平台的运营经理，负责监控和分析销售数据以优化运营策略。下面将学习使用WPS表格中的VLOOKUP、IF和SUMIF函数，高效地分析数据，识别销售趋势，并确保库存状态始终最优。

✻ 素质目标

(1) 运用数据分析工具实现高效运营，体现了现代管理的数据驱动决策精神。

（2）通过对销售数据的细致分析，展现出注重细节、精益求精的工作态度。

（3）掌握并应用 WPS 表格的高级分析功能，体现了持续学习和适应新技术的创新精神。

❋ **学习目标**

（1）掌握 VLOOKUP 函数在数据查找中的应用。

（2）学会使用 IF 函数进行条件判断，分析销售数据。

（3）利用 SUMIF 函数统计特定条件下的数据，以辅助决策。

❋ **操作步骤**

（1）打开含有销售数据的 WPS 表格。首先使用 VLOOKUP 函数精确找出各个产品类型在 3 月份的销售额。

（2）在销售数据表中选择合适的空白列（如列 I），用于填充查找到的分类信息。将产品分类作为查找值显示在 H3～H8，VLOOKUP 公式输入在 I3～I8，如图 2.76 所示。

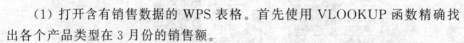

图 2.76　放置 VLOOKUP 函数

（3）使用 VLOOKUP 函数查找产品分类信息。在 I3 单元格中输入公式"＝VLOOKUP(H3,库存数据表,列序数,FALSE)"。此处"库存数据表"应替换为实际的数据区域范围"B1:F7"，列序数根据库存数据表中家居用品、服装产品和户外用品分类信息所在的列进行设置，此处 3 月份销售额在"B1:F7"数据表中是第四列，故列序数为"4"。

（4）设置匹配条件为 FALSE，确保进行精确查找。此处公式填写为"＝VLOOKUP(H3,B1:F7,4,FALSE)"。按下回车键，发现已经通过函数查找到 3 月份电子产品的销售额。

（5）选中 I3 单元格内公式中的"B1:F7"，按下 F4 键添加绝对引用，使得公式中的数据表区域固定不变，如图 2.77 所示。

图 2.77　用 VLOOKUP 函数精确找出电子产品三月份的销售额

（6）将 I3 单元格中的公式向下拖曳或使用填充柄复制到 I4～I8，以便为其他产品分类进行查找，如图 2.78 所示。

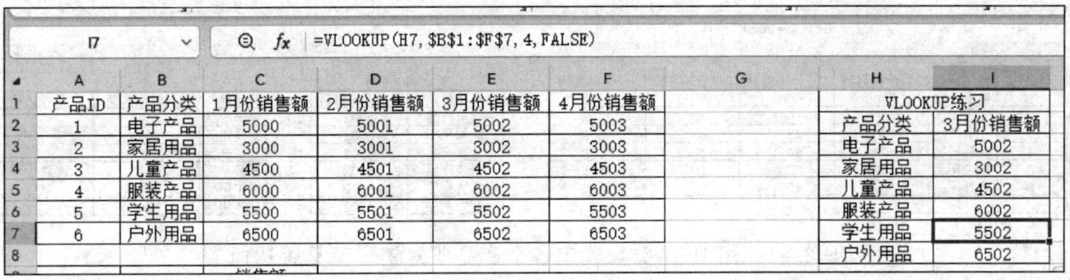

图 2.78 用 VLOOKUP 函数精确找出各个产品三月份的销售额

VLOOKUP 函数用于在指定的数据区域内查找并返回相关值,语法为"=VLOOKUP(查找值,数据表,列序数,匹配条件)"。查找值是需要查找的数据,数据表是包含数据的区域,列序数是返回数据所在列的编号,匹配条件为指定查找方式(FALSE 为精确匹配,TRUE 为近似匹配)。该函数可以快速从大量数据中找到所需信息,提高数据处理效率。

(7)接下来使用 IF 函数来确定 4 月销售额是否达标,销售额大于 5000 为达标,否则不达标。

(8)在销售数据表中选择合适的空白列(如列 M),用于填充销售额是否达标的信息。4 月份销售额显示在 L3 到 L8 之间,IF 公式输入在 M3~M8,如图 2.79 所示。

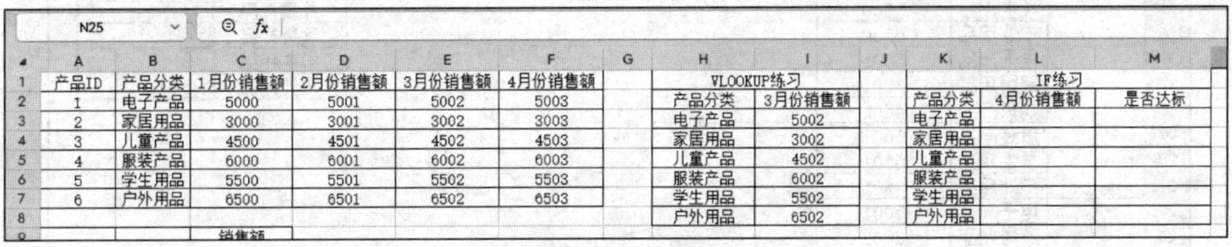

图 2.79 放置 IF 函数

(9)使用 IF 函数判断 4 月份的销售额是否达标。在 M3 单元格中输入公式"=IF(L3>5000,'达标','不达标')"。此处 L3 代表 4 月份的销售额,如图 2.80 所示。

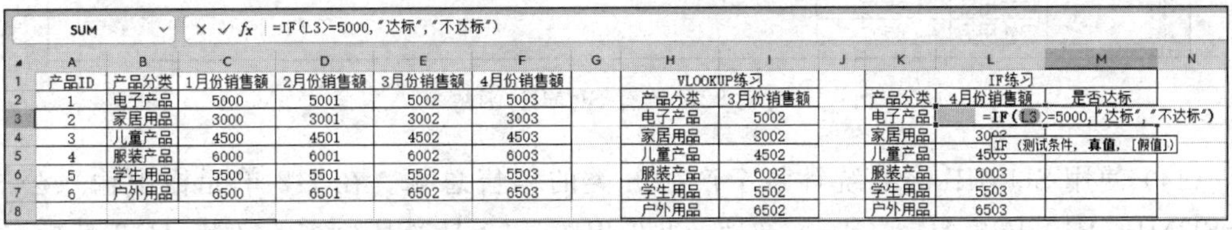

图 2.80 用 IF 函数来确定电子产品 4 月销售额是否达标

(10)将 M3 单元格中的公式向下拖曳或使用填充柄复制到 M4~M8,以便为其他产品进行销售额达标判断,如图 2.81 所示。

(11)确保每个公式正确引用相应行的销售额数据,即 L 列对应行的数据。IF 函数是一个逻辑函数,用于条件判断,语法为"=IF(条件,真值,假值)"。条件是需要判断的逻辑表达式,真值是条件为 TRUE 时返回的结果,假值是条件为 FALSE 时返回的结果。使用 IF 函数可以根据条件自动填充不同结果,帮助用户快速分析数据和进行决策支持。

(12)最后使用 SUMIF 函数统计各个产品分类前 4 个月的销售总额。

图 2.81　用 IF 函数来确定各个产品 4 月销售额是否达标

（13）在销售数据表中选择合适的空白列（如列 I），用于填充各个产品分类的销售总额。将产品分类作为条件显示在 H12～H17，SUMIF 公式输入在 I12～I17，如图 2.82 所示。

图 2.82　放置 SUMIF 函数

（14）使用 SUMIF 函数统计每个产品分类的销售总额。在 I12 单元格中输入公式：
"＝SUMIF（B10：B33，H12，C10：C33）"。此处 B10：B33 是产品分类的区域，H12 是指定的产品分类（如电子产品），C10：C33 是对应的销售额，如图 2.83 所示。

（15）使用 F4 将"产品分类"与"销售额"调整为绝对引用，将 I12 单元格中的公式向下拖曳或使用填充柄复制到 I13～I17，以便为其他产品分类进行销售额的统计，如图 2.84所示。

（16）确保每个公式正确引用相应的分类和销售额数据，以便准确计算每个分类的总销售额。

SUMIF 函数是一个条件求和函数，用于计算符合单一条件的数值总和。它的语法结构是"＝SUMIF（range，criteria，[sum_range]）"。在使用 SUMIF 函数时，range 是你需要检

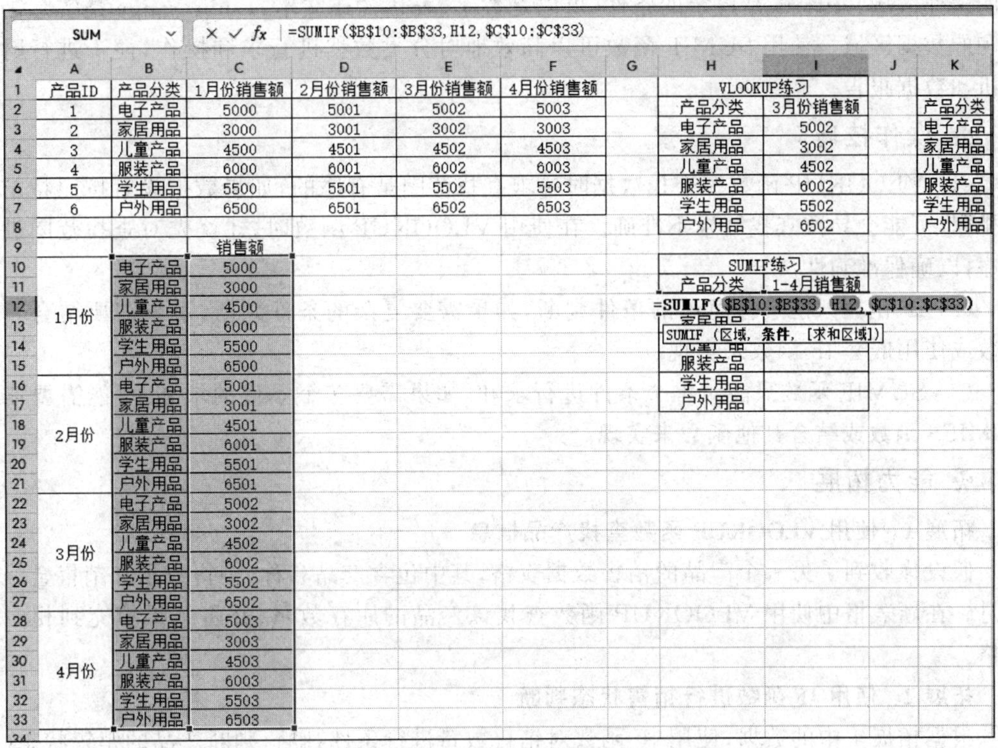

SUM | =SUMIF($B$10:$B$33,H12,$C$10:$C$33)

产品ID	产品分类	1月份销售额	2月份销售额	3月份销售额	4月份销售额		VLOOKUP练习	
1	电子产品	5000	5001	5002	5003		产品分类	3月份销售额
2	家居用品	3000	3001	3002	3003		电子产品	5002
3	儿童产品	4500	4501	4502	4503		家居用品	3002
4	服装产品	6000	6001	6002	6003		儿童产品	4502
5	学生用品	5500	5501	5502	5503		服装产品	6002
6	户外用品	6500	6501	6502	6503		学生用品	5502
							户外用品	6502

产品分类 / 产品分类: 电子产品, 家居用品, 儿童产品, 服装产品, 学生用品, 户外用品 (K列)

		销售额				SUMIF练习	
1月份	电子产品	5000				产品分类	1-4月销售额
	家居用品	3000				电子产品	=SUMIF($B$10:$B$33,H12,$C$10:$C$33)
	儿童产品	4500				家居用品	SUMIF(区域,**条件**,[求和区域])
	服装产品	6000				儿童产品	
	学生用品	5500				服装产品	
	户外用品	6500				学生用品	
2月份	电子产品	5001				户外用品	
	家居用品	3001					
	儿童产品	4501					
	服装产品	6001					
	学生用品	5501					
	户外用品	6501					
3月份	电子产品	5002					
	家居用品	3002					
	儿童产品	4502					
	服装产品	6002					
	学生用品	5502					
	户外用品	6502					
4月份	电子产品	5003					
	家居用品	3003					
	儿童产品	4503					
	服装产品	6003					
	学生用品	5503					
	户外用品	6503					

图 2.83 用 SUMIF 函数统计电子产品的销售总额

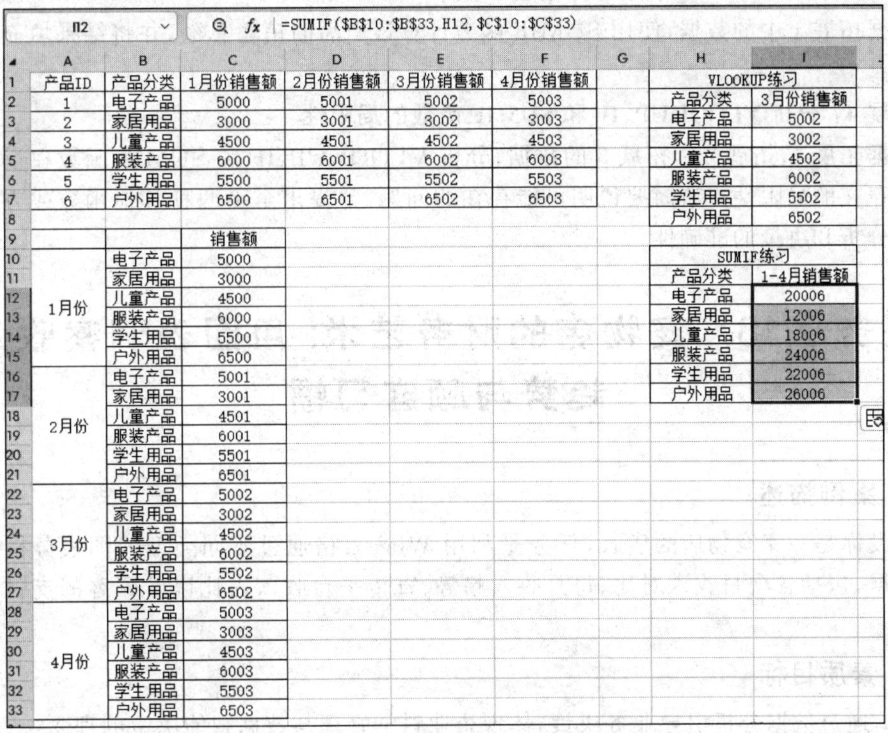

I2 | =SUMIF($B$10:$B$33,H12,$C$10:$C$33)

产品ID	产品分类	1月份销售额	2月份销售额	3月份销售额	4月份销售额		VLOOKUP练习	
1	电子产品	5000	5001	5002	5003		产品分类	3月份销售额
2	家居用品	3000	3001	3002	3003		电子产品	5002
3	儿童产品	4500	4501	4502	4503		家居用品	3002
4	服装产品	6000	6001	6002	6003		儿童产品	4502
5	学生用品	5500	5501	5502	5503		服装产品	6002
6	户外用品	6500	6501	6502	6503		学生用品	5502
							户外用品	6502

		销售额				SUMIF练习	
1月份	电子产品	5000				产品分类	1-4月销售额
	家居用品	3000				电子产品	20006
	儿童产品	4500				家居用品	12006
	服装产品	6000				儿童产品	18006
	学生用品	5500				服装产品	24006
	户外用品	6500				学生用品	22006
2月份	电子产品	5001				户外用品	26006
	家居用品	3001					
	儿童产品	4501					
	服装产品	6001					
	学生用品	5501					
	户外用品	6501					
3月份	电子产品	5002					
	家居用品	3002					
	儿童产品	4502					
	服装产品	6002					
	学生用品	5502					
	户外用品	6502					
4月份	电子产品	5003					
	家居用品	3003					
	儿童产品	4503					
	服装产品	6003					
	学生用品	5503					
	户外用品	6503					

图 2.84 用 SUMIF 函数统计各个产品的销售总额

查的条件区域,criteria 是设定的条件(可以是数字、表达式或文本),sum_range 是实际需要求和的数据区域。使用 SUMIF 函数可以高效地对分类数据进行求和操作,便于进行财务分析和数据报告。

❋ 操作技巧

(1) VLOOKUP 函数在查找数据时要求查找范围是有序的,如果数据没有按照特定顺序排列,可能会导致查找结果不准确。在使用 VLOOKUP 函数时,建议先对查找范围进行排序,以确保准确性。

(2) IF 函数只能进行简单的条件判断,如果需要复杂的条件判断,可能需要结合其他函数或使用嵌套 IF 函数来实现。

(3) SUMIF 函数只能对单个条件进行求和,如果需要多个条件的求和,可能需要使用 SUMIFS 函数或结合其他函数来实现。

❋ 能力拓展

拓展 1:使用 VLOOKUP 函数查找产品信息

假设你收到了另一个产品的销售数据表格,其中包含产品名称、销售数量和销售金额等信息。在新表格中使用 VLOOKUP 函数查找该产品的库存数量,并将结果填充到相应单元格。

拓展 2:使用 IF 函数进行销售状态判断

根据拓展 1 中的数据,使用 IF 函数对销售数量进行条件判断,判断产品的销售状态(畅销、一般、滞销),并将结果填充到相应单元格。

拓展 3:使用 SUMIF 函数计算销售总额

根据拓展 1 中的数据,使用 SUMIF 函数计算该产品的销售总额,并将结果填充到相应单元格。

拓展 4:分析 VLOOKUP、IF 和 SUMIF 函数的局限性

根据拓展 1、拓展 2 和拓展 3 的数据,分析 VLOOKUP、IF 和 SUMIF 函数在运营管理中可能存在的局限性。请简要说明可能存在的问题,并提出至少两种其他函数或方法以提高数据分析和决策的准确性。

任务 2.18　宠物店的财务艺术: 用图表洞察收入趋势与顾客习惯

❋ 案例描述

假设你是一家宠物店的店长,任务是利用 WPS 表格通过不同类型的图表分析全年的经营数据,包括各项目收入对比、每月收入趋势、宣传平台收入占比以及顾客的支付方式偏好等。

❋ 素质目标

(1) 通过数据分析引导业务决策,体现企业科学管理与数据智能决策的理念。

(2) 深入理解顾客习惯,以客户为中心,提升服务质量,增强顾客满意度。

（3）通过图表分析，不断探索改进空间，推动业务创新和增长。

❋ 学习目标

（1）掌握使用 WPS 表格创建和分析柱状图、折线图、饼图和条形图。

（2）学会从图表中解读数据，洞察业务趋势和顾客行为。

（3）培养数据敏感性，提高决策质量和工作效率。

❋ 案例分析

本案例中，宠物店的经营数据是理解其业务表现的关键。不同类型的图表将帮助我们从多角度审视收入情况，从而为营销策略提供数据支持。柱状图揭示项目收入对比，折线图展现月收入趋势，饼图分析宣传平台效果，条形图洞察支付方式偏好。

❋ 操作步骤

1. 创建柱状图对比项目收入

打开含有宠物店经营数据的 WPS 表格。选择包含各项目全年收入的数据区域，单击"插入"→"柱状图"，并选择一个适合的样式，如图 2.85 所示。

图 2.85　柱状图

调整图表标题和样式以清晰显示数据。

2. 制作折线图分析每月收入趋势

选择包含每个月收入的数据区域，单击"插入"→"折线图"，并挑选一个合适的样式，如图 2.86 所示。

优化图表设计，确保时间轴和数据点清晰可见。

3. 制作饼图查看宣传平台收入占比

选中包含宣传平台收入数据的区域，单击"插入"→"饼图"，并选择一个饼图样式，如图 2.87 所示。

调整图例和标签，使得每个宣传平台的收入占比一目了然。

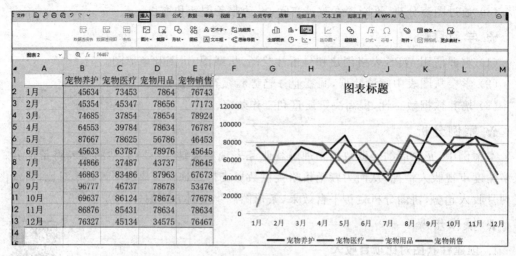

图 2.86　折线图

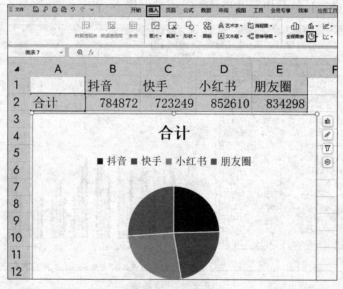

图 2.87　饼状图

4. 制作条形图分析顾客支付习惯

选择包含各种支付方式数据的区域,单击"插入"选项卡,单击"图标"工具栏扩展键,选择"条形图",并选择一个样式,如图 2.88 所示。

调整图表,使得不同支付方式的偏好程度直观展现。

通过这些步骤,您不仅能够制作出直观的图表,还能够深入分析宠物店的经营效益,为决策提供有力的数据支持。

❋ 操作技巧

(1) 图表设计要简洁明了。图表中的信息应当直接且无歧义,避免添加不必要的装饰,以免分散观众的注意力。

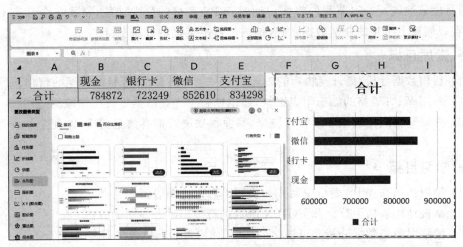

图 2.88　条形图

（2）标签和图例的重要性。要确保图表中的标签和图例清晰可读，以便观众能够轻松地理解图表所表达的数据和信息。

（3）选择合适的图表类型。要根据所要展示的数据类型和分析目标选择最合适的图表类型，以便更有效地传达信息。

（4）注重图表的视觉效果。要使用一致的颜色方案、字体样式和图表布局，以提高图表的整体美观性和专业性。

❋ 能力拓展

拓展 1：你管理一家餐厅，餐厅的收入来自四种主要菜系：意大利菜、墨西哥菜、日本菜和美国快餐。请创建一个柱状图来展示这些菜系的月收入对比，并指出哪种菜系带来的收入最多。

拓展 2：你经营一家服装店，想分析一年中各个季度的销售趋势。请使用折线图展示春季、夏季、秋季和冬季的销售额，并分析哪个季度的销售额最高及可能的原因。

拓展 3：作为一家出版社的市场分析师，你需要分析五种不同类型图书的市场占比：小说、非小说、教科书、自助书籍和儿童图书。请制作一个饼图来展示这些图书类型的市场占比，并讨论哪一类型的图书最受欢迎。

拓展 4：你是城市交通部门的研究员，负责分析市民的出行方式。假设有四种主要的出行方式：公交、地铁、出租车和自行车。请制作一个条形图来比较这些出行方式的使用频率，并分析最受市民欢迎的出行方式。

任务 2.19　动态数据洞察：宠物店业绩分析与交互式图表制作

❋ 任务描述

假设你是宠物店的店长，负责分析和对比宠物销售、宠物用品销售和宠物美容三大业务板块的月度营收情况。本节我们将学习通过 WPS 表格的强大功能,制作一个动态对比图表,以直观展现上半年的业绩数据,为店铺的经营决策提供数据支持。

❈ 素质目标

(1) 利用数据分析,提升宠物店的管理效率和服务质量,体现科学管理的精神。

(2) 采用 WPS 表格的动态图表工具,展示创新思维在数据可视化领域的应用。

(3) 推动宠物店向数据驱动管理转型,确保每项决策都有数据支持,体现企业管理的现代化。

❈ 学习目标

(1) 学习如何在 WPS 表格中制作和使用动态对比图表。

(2) 掌握使用表格下拉框和 INDEX 函数进行数据动态显示的方法。

(3) 增强对业务数据分析和可视化的理解,以更好地洞察业务趋势。

❈ 操作步骤

1. 准备数据

在 WPS 表格中整理好宠物销售、宠物用品销售和宠物美容的月度营收数据,确保数据的准确性。

2. 添加下拉框

单击"插入"→"窗体"→"组合框",在表格中插入下拉框,如图 2.89 所示。

图 2.89 选择"组合框"

3. 设置对象格式

右击下拉框,选择"设置对象格式",设置下拉框的输入范围(即业务板块的名称)和单元格链接(下拉框选中项的输出位置),如图 2.90 所示。

4. 制作图表

在 WPS 表格中选中营收数据区域,单击"插入"→"图表",选择合适的图表类型(如柱状图、折线图等)进行插入,如图 2.91 所示。

5. 动态显示数据

利用 INDEX 函数结合下拉框单元格链接的输出值,动态提取对应业务板块的营收数据。具体公式为"=INDEX(数据区域,行号,下拉框单元格链接的值)",如图 2.92 所示。

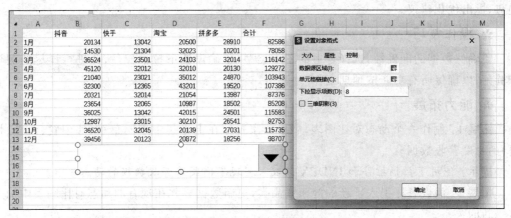

图 2.90　设置对象格式

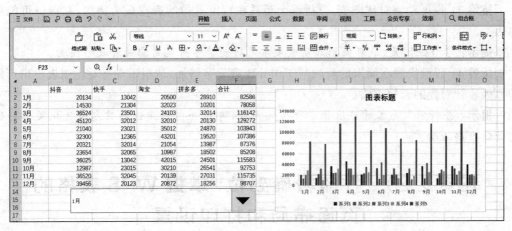

图 2.91　选择合适的图表类型

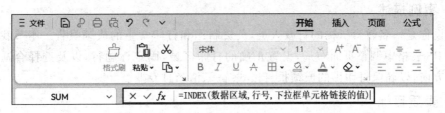

图 2.92　设置输出值

6. 完善图表

调整图表的样式和格式,确保图表清晰、美观,容易理解;也可以设置图表的标题、数据系列名称、坐标轴标签等。

7. 测试和验证

通过改变下拉框的选项,检查图表是否能够正确地显示相应业务板块的数据,确保动态图表的功能正常运作。

8. 分析和报告

根据动态图表所显示的数据,进行详细的业务分析。撰写分析报告,总结上半年的业绩趋势,提出优化建议。

✿ 操作技巧

要确保数据的准确性,选择合适的图表类型,正确设置下拉框控件,并进行详尽的测试和验证,以确保所有功能按预期工作。

✿ 能力拓展

拓展 1:制作一个动态对比图表,展示一家餐厅在上半年中不同菜系(如中餐、西餐、快餐)的月度营收数据。

提示:使用下拉框控件和 INDEX 函数来实现不同菜系营收数据的动态展示。

拓展 2:假设餐厅引入了新的健康餐品类,更新数据表并在现有的动态对比图表中加入这一新的菜系。

提示:扩展下拉框的输入范围,包括新的菜系,并在图表中添加相应的数据系列。

拓展 3:根据动态对比图表,分析哪个菜系在特定月份的表现最为突出,并探讨可能的原因。

提示:季节性因素、节日促销活动或菜系流行趋势等可能是影响营收的因素。

拓展 4:假设快餐在周末的营收与工作日比有显著增加,请根据动态对比图表提出可能的原因和针对性的营销策略。

提示:分析周末与工作日消费者行为的差异,考虑如何利用这些信息来优化菜单并进行营销推广活动。

任务 2.20　打印精确到位: 掌握 WPS 表格的页面布局和打印设置

✿ 案例描述

假设你是一名教育机构的行政人员,负责制作和打印学生的成绩报告。本节我们将学习在 WPS 表格中调整页面布局,设置正确的打印区域,固定标题行,以及选择合适的纸张大小和方向,以确保打印出的成绩报告格式统一、清晰且专业。

✿ 素质目标

(1)细致入微的服务。通过精确的页面布局和打印设置,提供清晰、专业的成绩报告,体现对学生和家长负责的服务精神。

(2)高效率的工作方法。掌握打印设置技巧,提高工作效率,减少资源浪费,展现现代化管理的能力。

(3)持续学习与改进。不断学习 WPS 表格的高级功能和技巧,追求工作质量的持续提高,体现积极进取的态度。

✿ 学习目标

(1)掌握调整 WPS 表格页面布局的方法。

(2)学会设置并管理打印区域,确保打印内容的准确性。

（3）学习如何固定表格标题和调整纸张大小与方向，以满足不同的打印需求。

❋ 操作步骤

1. 调整页面布局

打开含有学生成绩的 WPS 表格。单击"页面"选项卡，调整页边距、方向（纵向或横向），以及纸张大小（如 A4、A3 等），如图 2.93 所示。

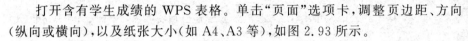

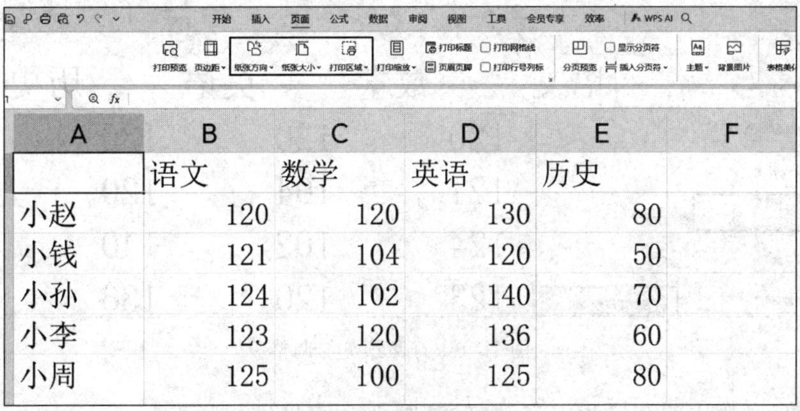

	A	B	C	D	E	F
		语文	数学	英语	历史	
	小赵	120	120	130	80	
	小钱	121	104	120	50	
	小孙	124	102	140	70	
	小李	123	120	136	60	
	小周	125	100	125	80	

图 2.93　调整页面布局

2. 设置打印区域

选择需要打印的数据区域，单击"页面"→"打印区域"→"设置打印区域"，如图 2.94 所示。

图 2.94　设置打印区域

如需更改或清除打印区域，可再次单击"打印区域"进行调整。

3. 固定标题行

选择成绩表的标题行，单击"视图"→"冻结窗格"→"冻结首行"，这样在滚动表格时，标题行始终可见，如图 2.95 所示。

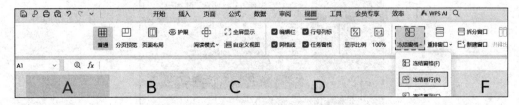

图 2.95　固定标题行

4. 打印预览与调整

单击"文件"→"打印",进入打印预览,如图 2.96 所示。

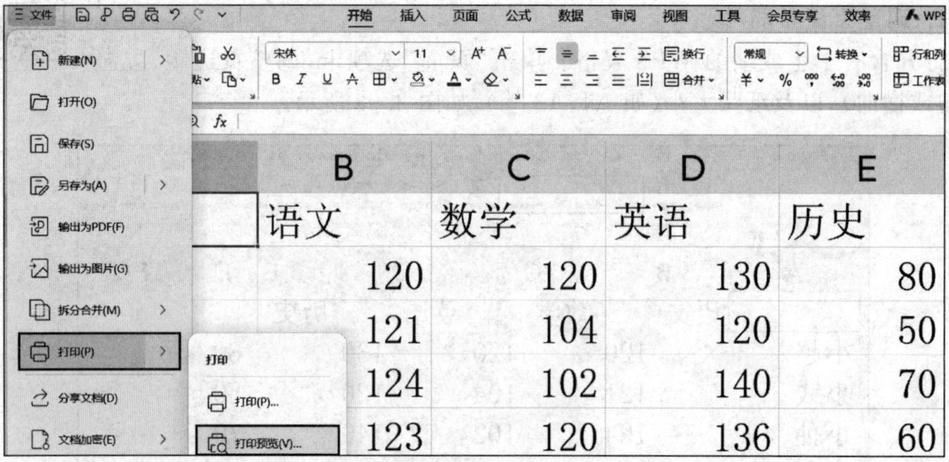

图 2.96　打印预览与调整

检查打印预览中的布局和内容,如有需要,返回表格进行调整。

5. 开始打印

确认无误后,选择"打印机",设置"份数",单击"打印"按钮完成操作,如图 2.97 所示。

图 2.97　开始打印

❋ 操作技巧

（1）设置打印区域时,要确保所选区域包含需要打印的所有数据,避免遗漏重要信息。

（2）添加标题时,要选择简明扼要的词语,以突出表格的主题和关键信息。

（3）在打印预览界面中,可以通过缩放选项调整打印比例,以确保表格适应纸张大小。

（4）如果表格过大无法完全打印在一页上,可以考虑将表格分割成多个部分进行打印,或者调整页面设置以适应纸张尺寸。

❋ 能力拓展

拓展 1：设置打印区域

假设你有一个包含 10 行 5 列的表格,你只需要打印其中的前 8 行和前 3 列。请按照上述步骤,设置合适的打印区域,并打印该表格。

拓展 2：添加标题和调整打印设置

在拓展 1 的基础上,给该表格添加一个适当的标题,并调整打印设置,使表格在打印时呈现清晰、易读的效果。

拓展 3：打印预览与调整

在 WPS 表格中,打开一个已有的表格文件,并进行打印预览。根据需要,调整页面设置、缩放比例等,以获得最佳的打印效果。

📖单元考核

任务：创建并分析一份宠物店营业额的报告。

任务描述如下。

利用在本单元学到的所有知识和技巧,创建并分析一份宠物店营业额的报告。这份报告应包含以下元素。

（1）数据收集。收集一段时间内的宠物店营业额数据,包括营业日期、销售员、宠物类别、销售数量、销售价格等信息。（10 分）

（2）数据整理。使用行列单元格、名称框、编辑栏和下边栏等工具整理和追踪数据。（10 分）

（3）数据美化。运用一键调整、冻结窗格、格式刷等工具美化你的表格,提升报告的专业性。（10 分）

（4）数据录入。利用填充柄、智能填充、快速填充、录入条件和下拉菜单等工具提升数据录入的效率。（10 分）

（5）数据搜索。使用通配符在数据中寻找隐藏信息。（5 分）

（6）数据排序与筛选。根据需要对数据进行排序和筛选。（10 分）

（7）数据清洗。对数据进行重复项去重。（5 分）

（8）数据分析。运用相对、绝对与混合引用,SUM 函数,平均数和最值函数,VLOOKUP、IF、SUMIF 等函数对数据进行分析。（15 分）

（9）数据展示。使用一键生成图表和动态图表对数据进行可视化展示。（15 分）

（10）数据打印。设置打印区域和标题,将报告打印出来。（10 分）

单元 3　WPS 演示文稿处理

任务 3.1　掌握 WPS 演示：从新手到高手的界面熟悉之旅

✿ 案例描述

假设你是一位即将上台进行重要商业演讲的市场部经理。你的任务是用 WPS 演示文稿向潜在投资者展示公司的新项目。下面我们将了解和认识 WPS 演示的界面。

✿ 素质目标

(1) 终身学习。不断学习新技能，适应不断变化的技术环境。

(2) 效率至上。高效利用工具，确保工作成果的最大化。

(3) 专业精神。掌握专业知识和技能，以专业的态度对待每一次演讲准备。

✿ 学习目标

(1) 熟悉 WPS 演示文稿(WPS 演示)操作界面的各个组成部分。

(2) 掌握快速编辑和修改幻灯片的技巧。

(3) 学会使用视图工具和状态栏，以适应不同的演示情境。

✿ 操作步骤

1. 熟悉标题栏

打开 WPS 演示，新建一个空白文档。观察标题栏显示的演示文稿名称，尝试保存并更改文档名称，如图 3.1 所示。

2. 探索菜单栏与快速访问栏

使用快速访问栏中的图标进行常用操作，如保存、撤销等。切换菜单栏的不同选项卡，熟悉各种工具和功能，如图 3.2 所示。

3. 管理幻灯片和布局

单击"插入"选项卡，了解如何添加新的幻灯片，如图 3.3 所示。

尝试不同的幻灯片布局，以适应文本、图片和图表的不同组合，如图 3.4 所示。

4. 编辑和格式化文本

选中任意文本框，通过"开始"选项卡中的工具，改变字体、大小、颜色和对齐方式。使用"格式"选项卡来添加文本效果，如阴影、轮廓或发光效果，如图 3.5 所示。

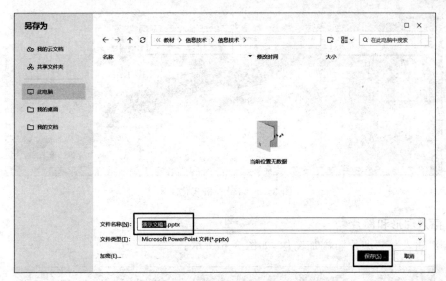

图 3.1 保存并更改文档名称

图 3.2 菜单栏与快速访问栏

图 3.3 新建幻灯片

图 3.4 不同的幻灯片布局

图 3.5　编辑和格式化文本

5．插入图形和图片

单击"插入"→"图片"，添加图像，如图 3.6 所示。

图 3.6　插入图片

使用"形状"按钮插入各种图形，并通过"格式"选项卡自定义图形样式，如图 3.7～图 3.9 所示。

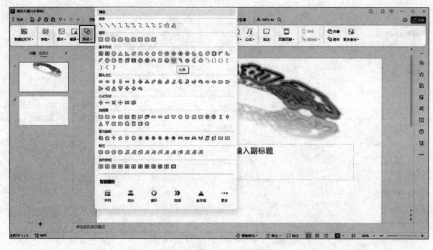

图 3.7　插入形状并编辑 1

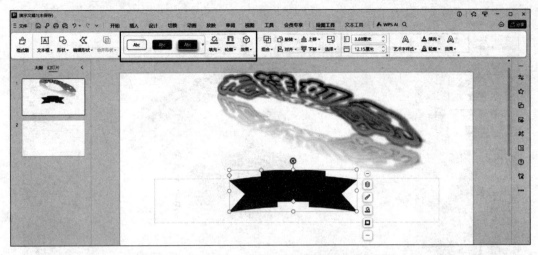

图 3.8　插入形状并编辑 2

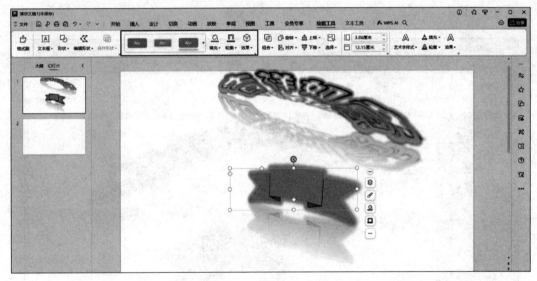

图 3.9　插入形状并编辑 3

6. 使用动画和过渡效果

选择幻灯片或对象,通过"动画"选项卡为其添加动画效果,如图 3.10 所示。

在"过渡"选项卡中,为幻灯片切换设置过渡的效果和时间。

7. 切换幻灯片视图

在状态栏中切换不同的视图模式,例如,"普通视图""幻灯片排序视图"和"阅读视图",如图 3.11 所示。

利用"幻灯片放映"选项卡,进行实际的演示练习,并熟悉演示时的工具,如激光笔、屏幕暂停等。

8. 利用备注和批注

单击"视图"→"备注页",为幻灯片添加备注,以辅助演讲,如图 3.12 和图 3.13 所示。

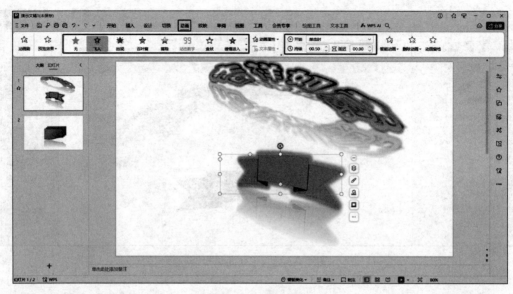

图 3.10　添加动画

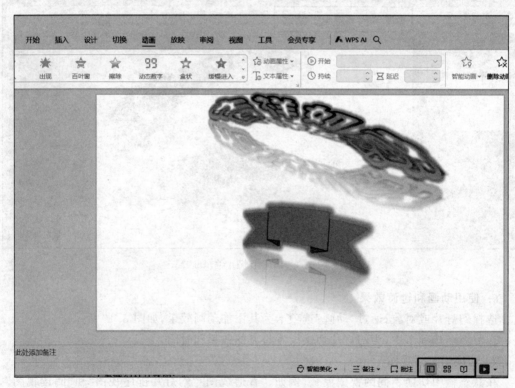

图 3.11　不同的视图模式

单击"审阅"→"批注",对幻灯片进行标记和评论,如图 3.14 和图 3.15 所示。

9. 设置幻灯片母版

单击"视图"→"幻灯片母版",自定义幻灯片模板,确保整个演示文稿风格一致,如图 3.16 和图 3.17 所示。

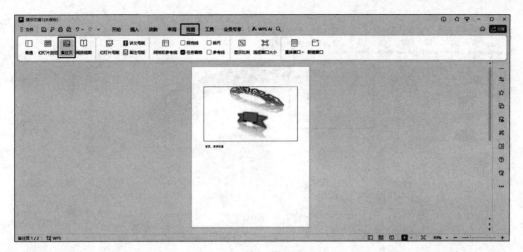

图 3.12　备注 1

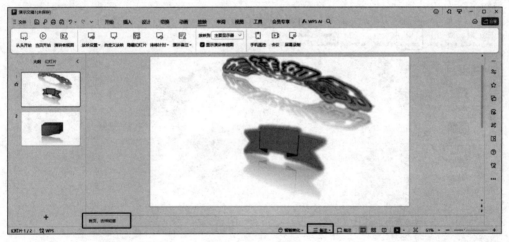

图 3.13　备注 2

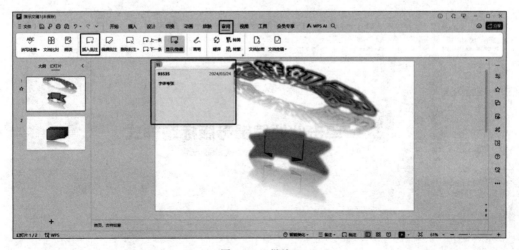

图 3.14　批注 1

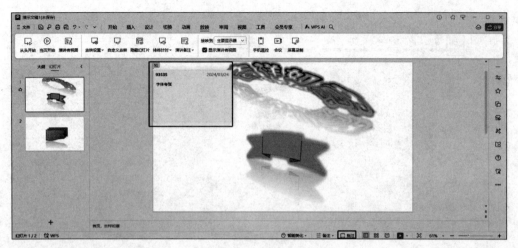

图 3.15　批注 2

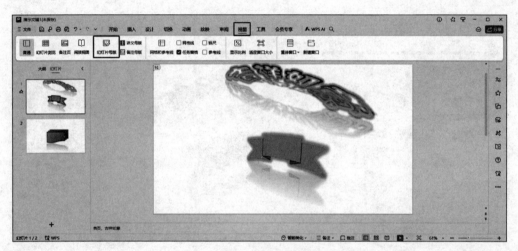

图 3.16　设置幻灯片母版 1

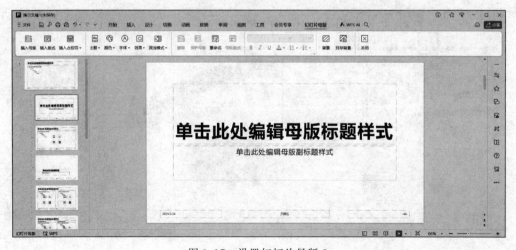

图 3.17　设置幻灯片母版 2

10. 演练和准备

在"幻灯片放映"选项卡中，使用"排练计时"功能，练习演讲的节奏和时间控制，如图 3.18 所示。

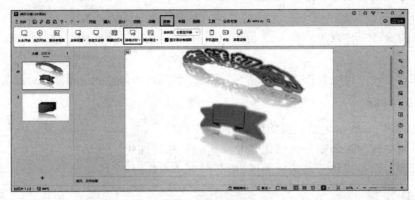

图 3.18　排练计时

确保所有的多媒体内容，如视频和音频，都能在演示中正常播放。

❖ **操作技巧**

(1) 适应性布局。要选择适合不同显示设备和分辨率的幻灯片布局，以确保演示在各种环境下都能保持良好的视觉效果。

(2) 简洁清晰。设计幻灯片时要保持内容简洁明了，避免使用过多复杂的动画和过渡效果，以免分散观众的注意力。

(3) 多媒体测试。在正式演示前，要测试所有嵌入的多媒体内容（如视频和音频），以确保它们能够在不同设备上正常播放，避免因技术问题而影响演讲。

❖ **能力拓展**

拓展 1：创建一个新的 WPS 演示文稿，更改幻灯片的布局，并尝试添加文本框和至少一张图片。

拓展 2：在一张幻灯片中插入一个图表，并尝试使用不同的图表样式和颜色方案来美化它。

拓展 3：选择一张幻灯片并为其添加动画效果，然后设置一个平滑的过渡效果到下一张幻灯片，练习调整动画和过渡的持续时间和顺序。

任务 3.2　缔结爱情盟约:打造一场难忘的婚礼幻灯片演示

❖ **案例描述**

假设你是一位婚礼策划师，负责为即将步入婚姻殿堂的新人制作一份温馨而又专业的婚礼幻灯片。这份幻灯片将在婚礼现场播放，用来回顾新人的甜蜜时刻，并展望他们共同的未来。下面我们将学习通过使用 WPS 演示的快捷键，来提高幻灯片的制作效率，并确保幻灯片的质量和情感表达。

❊ **素质目标**

（1）情感共鸣。通过幻灯片讲述新人的爱情故事，传递正面的情感价值和对美好婚姻生活的向往。

（2）专业服务。体现策划师的专业技能和对每一场婚礼负责的态度，展示服务行业的专业精神。

（3）创意表现。利用 WPS 演示的多样化功能，展现策划师的创意思维和对细节的关注。

❊ **学习目标**

（1）掌握 WPS 演示中快捷键的使用，提高工作效率。

（2）学习如何设计和制作情感化和专业化的婚礼幻灯片。

（3）培养对婚礼现场需求的敏感度，提升即兴应变能力。

❊ **操作步骤**

1. 新建和组织幻灯片

使用 Ctrl＋M 组合键快速新建一个幻灯片，如图 3.19 所示。

用 Ctrl＋A 组合键选中所有幻灯片，进行统一格式调整，如图 3.20 所示。

图 3.19　新建幻灯片　　　图 3.20　选中所有幻灯片

按住 Shift 键选择幻灯片范围，或使用 Ctrl 键选择多个特定幻灯片，如图 3.21 所示。

2. 编辑和排版文本

使用 Ctrl＋B 组合键和 Ctrl＋U 组合键对文本进行加粗和下画线强调设置，如图 3.22 所示。

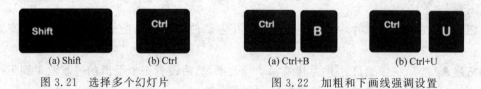

(a) Shift　　　　(b) Ctrl　　　　　　(a) Ctrl+B　　　　　(b) Ctrl+U

图 3.21　选择多个幻灯片　　　　图 3.22　加粗和下画线强调设置

通过 Ctrl＋E 组合键和 Ctrl＋L 组合键和 Ctrl＋R 进行文本对齐，如图 3.23 所示。

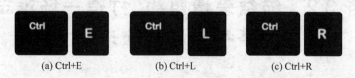

(a) Ctrl+E　　　　　(b) Ctrl+L　　　　　(c) Ctrl+R

图 3.23　文本对齐

3. 对象操作和组合

利用上下左右箭头微调对象位置。使用 Ctrl＋G 组合键对多个对象进行组合，用 Ctrl＋Shift＋G 组合键取消组合，如图 3.24 所示。

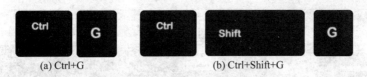

(a) Ctrl+G　　　　　　　　(b) Ctrl+Shift+G

图 3.24　对象操作和取消组合

4. 幻灯片播放与操作

使用 F5 键从头开始放映,使用 Shift+F5 组合键从当前幻灯片开始放映,如图 3.25 所示。使用 Ctrl+P 组合键进行演示时的画笔标注,增加互动性,如图 3.26 所示。

图 3.25　幻灯片播放　　　　　　图 3.26　画笔标注

5. 添加媒体和动画效果

通过"插入"选项卡添加图片、音频和视频,丰富幻灯片内容,如图 3.27 所示。

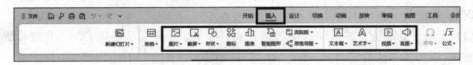

图 3.27　添加媒体和动画效果

使用"动画"选项卡为幻灯片元素添加入场、强调和退出效果,使演示更加生动,如图 3.28 所示。

图 3.28　添加动画效果

6. 设计主题和背景

选择合适的主题和背景,以匹配婚礼的风格和色调。使用"设计"选项卡中的功能,快速调整幻灯片的整体视觉效果,如图 3.29 所示。

图 3.29　调整幻灯片

7. 检查和修订

使用 F7 键进行拼写检查,确保文本无误。在"放映"选项卡下的"放映设置"中,选择合适的放映方式,如手动或自动,如图 3.30 所示。

8. 保存和分享

使用 Ctrl+S 组合键快速保存工作进度,如图 3.31 所示。

单击"文件"→"导出",将幻灯片保存为视频或 PDF,便于分享和播放。完成以上步骤

图 3.30　选择放映方式

后,婚礼幻灯片就制作好了。在实际操作中,可能还需要考虑幻灯片的播放顺序、过渡效果以及与音乐的同步等因素,以确保幻灯片在婚礼现场能够完美呈现,为新人和宾客留下深刻印象。

图 3.31　保存

✿ 操作技巧

(1) 快捷键熟练度。确保熟练掌握快捷键,如 F5 键为开始放映、Ctrl＋P 组合键为进行标注等,以便在婚礼现场迅速应对各种情况。

(2) 幻灯片内容预览。在婚礼前使用 Shift＋F5 组合键预览当前幻灯片,确保每页内容都符合预期效果。

(3) 播放流畅性。熟悉用 Ctrl＋S 组合键来保存进度,以及如何快速处理播放中出现的技术问题,保证演示流程不受干扰。

(4) 互动环节准备。如果演示中包括互动环节,需提前练习使用 Ctrl＋P 组合键进行画笔标注,以便互动顺利进行。

(5) 紧急应对措施。准备紧急应对措施,如快速切换到黑屏(按 B 键或 W 键),以便在需要时暂停放映。

✿ 能力拓展

拓展 1:快捷键熟悉度测试

新建一个 WPS 演示文稿,并尝试仅使用快捷键来添加和组织 10 张幻灯片。

练习使用 Ctrl＋G 组合键和 Ctrl＋Shift＋G 组合键对对象进行组合和取消组合。

拓展 2:播放模式操作

开始放映(使用 F5 键和 Shift＋F5 组合键),并在放映中练习使用 Ctrl＋P 组合键进行画笔标注。

练习在放映模式下使用 B 键切换到黑屏,然后按任意键恢复放映。

拓展 3:排练婚礼现场情景

假设在婚礼现场,突然需要跳转到特定的幻灯片,练习使用数字＋回车键进行快速跳转。

模拟幻灯片播放中出现的问题,练习如何快速恢复或切换到备用幻灯片。

任务 3.3　高效展示思路:将项目进度汇报大纲转化为 WPS 演示

✿ 案例描述

作为"保护洱海、禁止投喂海鸥环保项目"的负责人,你需要向相关部门或资助者汇报项目进展。为使汇报更清晰、专业,你决定将项目进度的文档大纲转换为 WPS 演示。下面我们将学习使用 WPS Office 快速转换文档大纲为 WPS 演示,并利用智能美化功能,使汇报更吸引人。

✽ 素质目标

(1) 通过清晰的 WPS 演示,提高汇报效率和质量,展现项目管理的专业性。

(2) 关注汇报的每个细节,体现环保工作的精细化管理和对成功的追求。

(3) 利用 WPS Office 的智能转换和美化功能,展示对新技术的掌握和应用,反映创新意识和进取心。

✽ 学习目标

(1) 学会将文档大纲快速转换为 WPS 演示的方法。

(2) 掌握使用 WPS Office 智能美化功能提升 WPS 演示视觉效果的技巧。

(3) 通过实践提升 WPS 演示制作能力,增强环保项目汇报的说服力。

✽ 操作步骤

1. 文档大纲转换为 WPS 演示

打开包含"保护洱海、禁止投喂海鸥环保项目"进度汇报大纲的 WPS 文档。确保大纲内容使用了合适的标题级别,便于 WPS 识别并正确转换。

单击页面左上角的"文件"菜单,选择"输出为 PPT(X)",如图 3.32 所示。

图 3.32　将 WPS 文档输出为 PPT(X)

WPS Office 会自动根据文档中的大纲编号和标题层级,智能转换成 WPS 演示幻灯片。

2. 使用智能美化功能

转换完成后,打开生成的 WPS 演示文件。在 WPS 演示顶部的菜单栏中单击"设计"→

"全文美化",如图 3.33 所示。

图 3.33　全文美化

选择喜欢的模板风格,单击应用,WPS 演示将自动根据所选模板进行全文美化,如图 3.34 所示。

图 3.34　选择模板风格

稻壳会员可以使用更多精美的模板为 WPS 演示增色不少,如图 3.35 所示为会员模板。

3. 个性化调整

根据实际需要,对 WPS 演示中的字体大小、颜色、排版进行调整。确保内容的可读性和美观性,如图 3.36 所示。

如果需要添加图片或图表,可以单击"插入"选项卡,选择相应的功能进行添加,如图 3.37 所示。

审阅每一页幻灯片,确保所有内容都符合汇报的要求和风格。

✿ 操作技巧

(1) 保持简洁明了的布局和样式,避免使用过多的文字和复杂的图表。使用简洁的语言和关键词来传达思路。

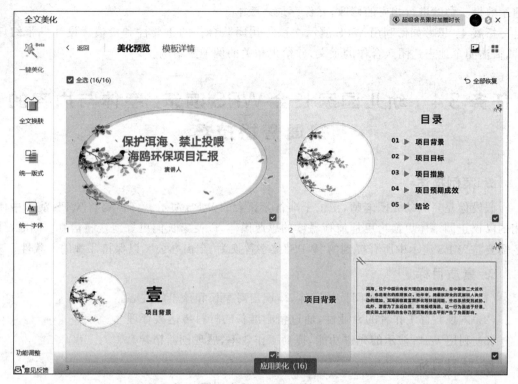

图 3.35　会员模板效果

图 3.36　调整字体排版

图 3.37　插入图片图表

（2）使用合适的字体、颜色和背景，以增强演示效果。确保字体清晰可读，颜色搭配协调，背景不干扰内容。

（3）利用幻灯片切换和动画效果来吸引观众的注意力，突出重点内容，但要避免过度使用动画效果，以免分散观众注意力。

✿ **能力拓展**

拓展 1：根据给定的项目进度汇报大纲，将其转化为 WPS 演示文稿。选择合适的布局和样式，确保演示文稿简洁明了。

拓展 2：设计一个包含标题和两个内容的幻灯片母版。在该母版下创建一张新幻灯片，根据自己的想法添加内容，并调整布局和样式。

拓展 3：预览 WPS 演示文稿，考虑如何通过调整幻灯片顺序、添加动画效果等来提高演示效果。尝试进行相应的修改,并保存最终版本。

拓展 4:思考如何利用 WPS 演示文稿传达团队合作的重要性和价值。设计一张幻灯片,简洁明了地表达团队合作的意义,并给出相关的例子或案例。

任务 3.4 幼儿园家长会 WPS 演示: 字体与内容的快速替换技巧

✿ 案例描述

假设你是一名幼儿园老师,正忙于准备家长会的 WPS 演示。你需要将 WPS 演示中使用的汉仪正园字体更换为更加清晰易读的思源黑体,以便家长们更好地接收信息。同时,你还需要将 WPS 演示中所有提到的"WPS"文字替换为"金山办公",以保持品牌的一致性。

✿ 素质目标

(1)通过选择适合家长阅读的字体,体现出对家长和孩子的关心。

(2)体现教育工作者的专业性,通过精心准备的材料传达教育理念。

(3)利用 WPS 演示的先进功能,提高工作效率,展现创新精神。

✿ 学习目标

(1)学会快速更换 WPS 演示中的字体,以适应不同的展示需求。

(2)掌握快捷键和替换功能,以高效地更新 WPS 演示中的内容。

(3)加强对文档编辑细节的关注,提升幼儿园教育材料的质量。

✿ 操作步骤

1. 字体替换

打开幼儿园家长会 WPS 演示文件。

单击"开始"→"查找"→"替换字体"选项,如图 3.38 所示。

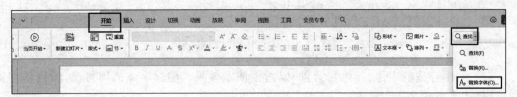

图 3.38　替换字体

在"替换字体"对话框中,"替换"选择"汉仪正圆","替换为"选择"思源黑体",单击"替换"按钮,完成字体替换,如图 3.39 和图 3.40 所示。

2. 内容替换

单击"开始"→"查找"→"替换",或使用 Ctrl+H 组合键打开"替换"对话框,如图 3.41 和图 3.42 所示。

设置查找替换限制,如区分大小写、全字匹配、区分全半角。

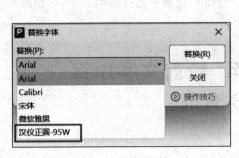

图 3.39　"替换"栏

图 3.40　"替换为"栏

图 3.41　选择替换

在"查找内容"中输入 WPS,在"替换为"中输入"金山办公",单击"替换"按钮,仅替换选中的文本;单击"全部替换",替换所有匹配的内容,如图 3.43 所示。

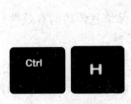

图 3.42　内容替换

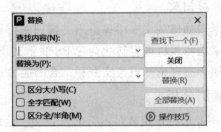

图 3.43　设置查找替换

通过以上这些简单的操作,WPS 演示将在视觉和内容上更加符合幼儿园家长会的主题和环境,同时也能展现出教育者的专业精神和对家长的尊重。

✿ 操作技巧

(1) 字体替换功能仅能替换整个文档中的字体,无法针对特定部分进行替换。如果要替换特定段落或标题的字体,需手动进行调整。

(2) 文本替换功能是基于文本内容进行替换,无法识别文本的上下文。因此,在进行文本替换时,需谨慎操作,以免替换了错误的内容。

(3) 字体替换和文本替换功能只是格式调整的一种方法,对于更复杂的格式调整和替换需求,需要结合其他功能,如样式应用、段落调整等。

✿ 能力拓展

拓展 1:使用字体替换功能将报告中的所有宋体字体替换为微软雅黑字体。

拓展 2：使用文本替换功能将报告中的"公司 A"替换为"公司 B"。

拓展 3：分析字体替换和文本替换的局限性。请简要说明可能存在的问题，并提出至少两种其他方法以进一步进行格式调整和替换。

任务 3.5 焦点与分页：精简文本内容制作 WPS 演示

✿ 案例描述

假设你是一位教育工作者，任务是根据指定教材的前言部分制作一个 WPS 演示文稿，用于新学期的开学教师培训。由于前言内容丰富，直接复制粘贴到 WPS 演示会导致信息量过大，难以吸引听众注意。因此你需要提炼关键信息，并将其分布到多个幻灯片中，确保每张幻灯片的内容都集中于一个核心观点，以便于听众理解和记忆。

✿ 素质目标

（1）创新教育。强调创新和创业教育的重要性，体现教育内容与时代发展同步的理念。

（2）理论与实践相结合。通过案例教学，展现理论知识与实践技能相结合的教学方法。

（3）科技赋能未来。强调"信创"在推动社会发展和经济增长中的关键作用，体现科技教育的重要性。

✿ 学习目标

（1）学习如何从文本中提炼出关键词和核心观点。

（2）掌握将教材内容转化为 WPS 演示文稿的技巧，确保信息传达的有效性。

（3）培养将理论知识与实践相结合的能力，提升教学质量。

✿ 案例分析

本案例要求将指定教材前言的密集文字信息转换为清晰、简洁的 WPS 演示内容。这不仅是信息简化的过程，也是教学内容设计的过程。通过有效的关键词提炼和内容分页，可以帮助听众更好地聚焦于每个幻灯片的主题，从而提高信息的传达效率和教学的互动性。

✿ 操作步骤

1. 提炼关键词

仔细阅读教材前言，节选部分内容，标记出描述教材目标、特点和学习过程的关键词和短语，进行标红提炼，如图 3.44 所示。

使用 WPS 演示软件，为每个关键词创建一个新的幻灯片内容并进行排版，如图 3.45 所示。

2. 分解内容到多页

确定前言中的核心观点，如目标、核心技能、能力拓展、创业精神等，并为每个观点分配一页幻灯片，如图 3.46 所示。

在每页幻灯片中，使用插入图表、图像或案例来辅助说明每个观点，使内容更加生动，如图 3.47 所示。

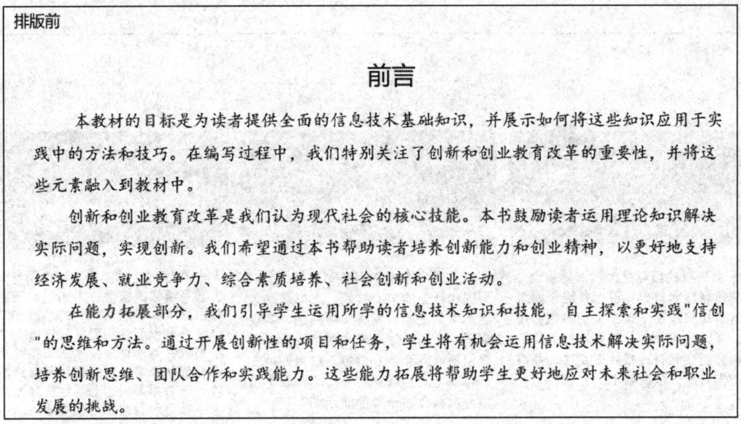
排版前
前言
本教材的目标是为读者提供全面的信息技术基础知识，并展示如何将这些知识应用于实践中的方法和技巧。在编写过程中，我们特别关注了创新和创业教育改革的重要性，并将这些元素融入到教材中。
创新和创业教育改革是我们认为现代社会的核心技能。本书鼓励读者运用理论知识解决实际问题，实现创新。我们希望通过本书帮助读者培养创新能力和创业精神，以更好地支持经济发展、就业竞争力、综合素质培养、社会创新和创业活动。
在能力拓展部分，我们引导学生运用所学的信息技术知识和技能，自主探索和实践"信创"的思维和方法。通过开展创新性的项目和任务，学生将有机会运用信息技术解决实际问题，培养创新思维、团队合作和实践能力。这些能力拓展将帮助学生更好地应对未来社会和职业发展的挑战。

图 3.44　标红提炼关键词

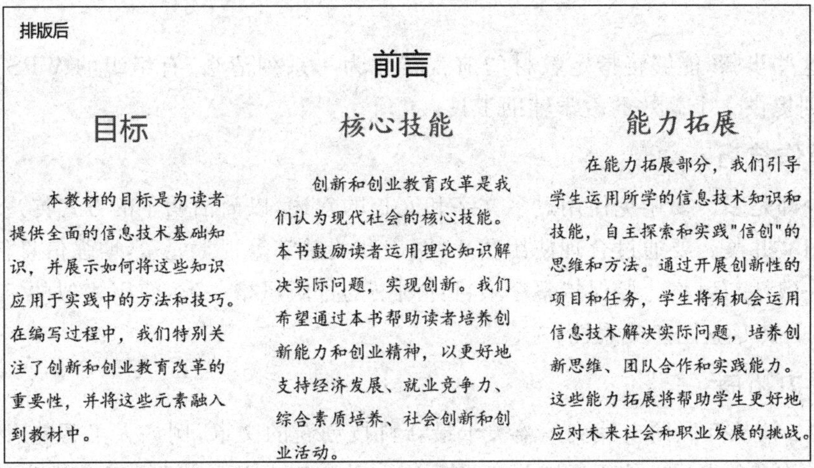
排版后
前言
目标
本教材的目标是为读者提供全面的信息技术基础知识，并展示如何将这些知识应用于实践中的方法和技巧。在编写过程中，我们特别关注了创新和创业教育改革的重要性，并将这些元素融入到教材中。
核心技能
创新和创业教育改革是我们认为现代社会的核心技能。本书鼓励读者运用理论知识解决实际问题，实现创新。我们希望通过本书帮助读者培养创新能力和创业精神，以更好地支持经济发展、就业竞争力、综合素质培养、社会创新和创业活动。
能力拓展
在能力拓展部分，我们引导学生运用所学的信息技术知识和技能，自主探索和实践"信创"的思维和方法。通过开展创新性的项目和任务，学生将有机会运用信息技术解决实际问题，培养创新思维、团队合作和实践能力。这些能力拓展将帮助学生更好地应对未来社会和职业发展的挑战。

图 3.45　关键词排版

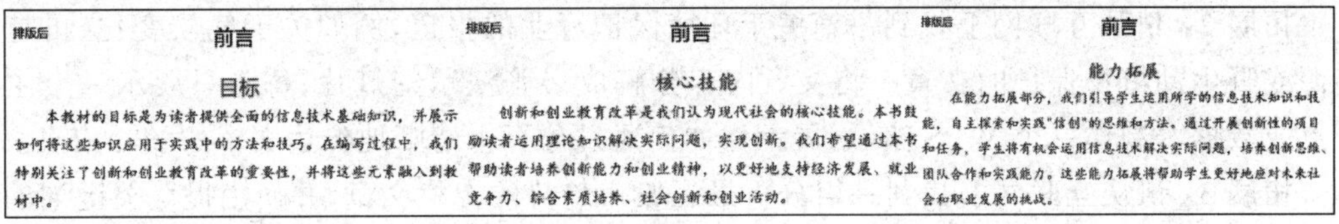
排版后
前言
目标
本教材的目标是为读者提供全面的信息技术基础知识，并展示如何将这些知识应用于实践中的方法和技巧。在编写过程中，我们特别关注了创新和创业教育改革的重要性，并将这些元素融入到教材中。
排版后
前言
核心技能
创新和创业教育改革是我们认为现代社会的核心技能。本书鼓励读者运用理论知识解决实际问题，实现创新。我们希望通过本书帮助读者培养创新能力和创业精神，以更好地支持经济发展、就业竞争力、综合素质培养、社会创新和创业活动。
排版后
前言
能力拓展
在能力拓展部分，我们引导学生运用所学的信息技术知识和技能，自主探索和实践"信创"的思维和方法。通过开展创新性的项目和任务，学生将有机会运用信息技术解决实际问题，培养创新思维、团队合作和实践能力。这些能力拓展将帮助学生更好地应对未来社会和职业发展的挑战。

图 3.46　观点分配幻灯片

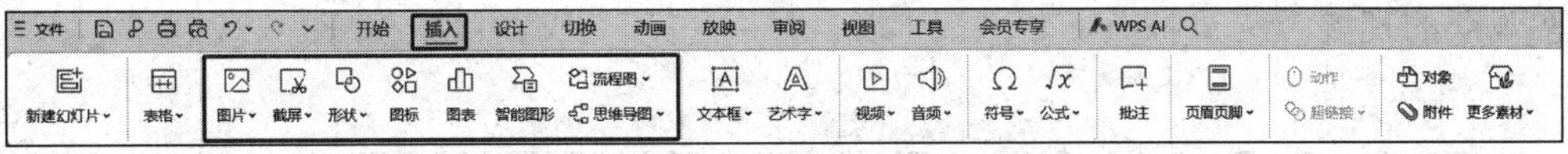
文件
开始
插入
设计
切换
动画
放映
审阅
视图
工具
会员专享
WPS AI
新建幻灯片
表格
图片
截屏
形状
图标
图表
智能图形
流程图
思维导图
文本框
艺术字
视频
音频
符号
公式
批注
页眉页脚
动作
超链接
对象
附件
更多素材

图 3.47　插入图表、图像或案例

3. 制作 WPS 演示文稿

打开 WPS 演示，选择一个适合教育主题的模板。在每页幻灯片中，将提炼的关键词作为标题，然后添加简短的描述性文本或相关图像，展示效果如图 3.48 所示。

对于“信创”的部分，可以添加相关行业的图表或趋势分析，展示其在信息技术应用中的

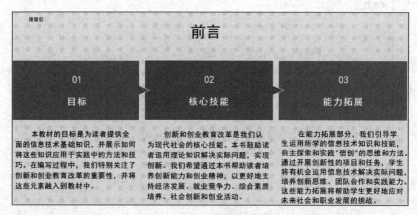

图 3.48　选择适合模板

重要性。

通过这些步骤,能够将指定教材的前言转化为一系列清晰、有组织的 WPS 演示文稿,为教师培训提供一个高效的教学辅助工具。

✳ 操作技巧

(1) 少即是多。要避免使用过多文字和冗长的叙述,以简洁明了的方式传达核心信息。

(2) 图文并茂。要通过合理使用图片、图表和关键字等视觉元素,增强信息传达效果。

(3) 一致性与风格。要保持整个项目计划书的排版风格一致,使用相似的字体、颜色和布局,使其更具专业性和美观性。

✳ 能力拓展

拓展 1:请从互联网上找到一篇关于最新科技创新的文章,例如人工智能、区块链技术或自动驾驶汽车的发展。使用提炼关键词的方法,从文字中提取出至少五个关键词,并使用这些关键词制作成一个 WPS 演示,确保每张幻灯片突出一个关键词,并简要解释其重要性。

拓展 2:请从互联网上找到一篇关于环境保护行业的报道,例如关于气候变化、可持续能源或野生动植物保护的文章。将文章内容分解成多张演示幻灯片,每张只展示一个主要观点或数据。制作一个 WPS 演示,展示你如何通过分页来清晰地传达文章的核心信息。

拓展 3:请从互联网上找到一篇分析最近股市趋势的专栏文章,并使用提炼关键词的方法,从文章中提取出至少五个关键词。然后,将这些关键词分解成多张演示幻灯片,每张幻灯片专注于一个关键词。制作一个 WPS 演示,展示如何通过优化内容来提高信息的清晰度和观众的理解。

任务 3.6　让每一张幻灯片都光彩照人: WPS 演示的美化与排版技巧

✳ 案例描述

假设你是一位市场部的专员,负责为即将到来的产品发布会制作 WPS 演示文稿。这场发布会对公司来说至关重要，因此你的任务是确保每一张幻灯片都能够吸引观众的目光，传达出产品的核心价值，并且在视觉效果上保持一致性和专业性。

✲ 素质目标

(1) 精细化管理。通过精细化的排版和美化操作，提升演示文稿的整体质量，体现对每一次演示机会的重视。

(2) 创新与美感。在制作演示文稿的过程中，融入创新的设计理念和美学元素，展现出不断追求进步和美的企业文化。

(3) 团队协作与分享。通过分享美化和排版的技巧，促进团队成员之间的学习和协作，共同提升工作成果的质量。

✲ 学习目标

(1) 掌握使用 WPS 演示文稿工具设置缩进和间距，美化和统一幻灯片排版的技巧。

(2) 学会如何通过改变幻灯片的背景和配色方案，增强演示文稿的视觉吸引力。

(3) 培养对细节的关注和审美能力，提高设计和表达能力。

✲ 案例分析

本案例涉及的是如何在产品发布会的准备过程中，通过 WPS 演示文稿工具，有效地美化和统一幻灯片的视觉效果。这不仅需要技术上的掌握，也需要对设计和美学有一定的理解。通过合理的排版和视觉设计，可以更好地吸引观众的注意力，从而有效传达产品的信息。

✲ 操作步骤

1. 设置缩进和间距

打开 WPS 演示文稿，选择需要调整的文本框。

单击“格式”→“段落”，在弹出的“段落”对话框中选择“缩进和间距”。在此界面中，可以根据需要设置对齐方式、缩进以及间距，以达到美化和统一排版的效果，如图 3.49 所示。

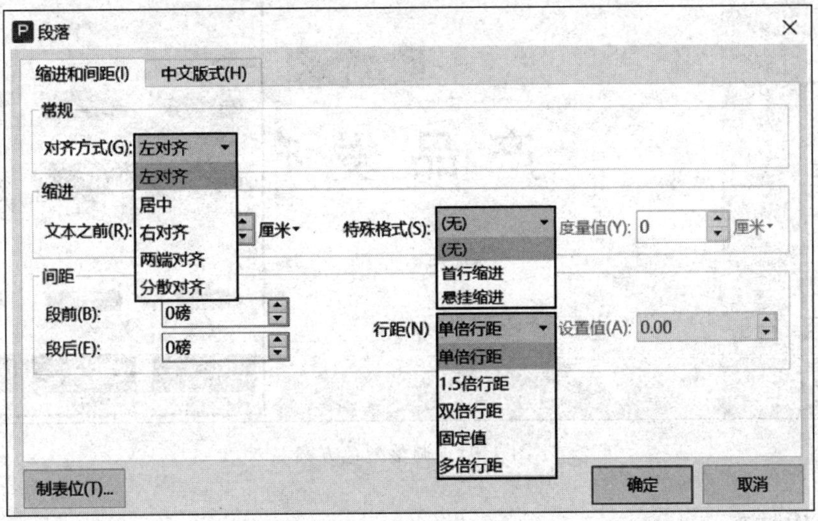

图 3.49 缩进和间距

2. 美化幻灯片背景

单击"设计"→"背景"→"背景填充"→"图片或纹理填充",单击"文件"选择本地图片作为背景。通过调整背景,可使幻灯片的视觉效果更加吸引人,如图 3.50 所示。

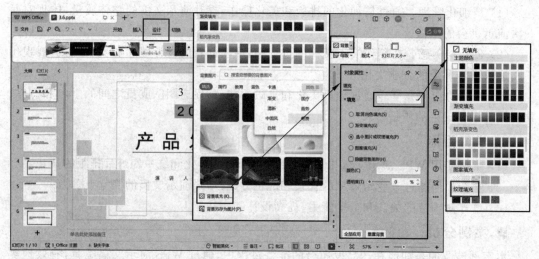

图 3.50　美化幻灯片背景

3. 调整配色方案

选择需要调整配色方案的幻灯片,单击"设计"→"配色方案",在弹窗中选择合适的方案,如"角度"。通过更改配色方案,可增强演示文稿的整体协调性和美观度,如图 3.51 所示。

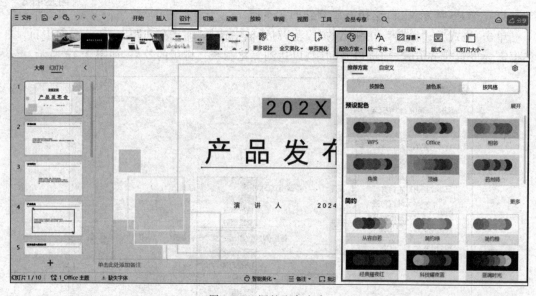

图 3.51　调整配色方案

❈ 操作技巧

(1)整体风格一致性。在进行幻灯片设计时,保持整体风格和配色方案的一致性至关重要。要避免在单一演示文稿中使用多种不同的设计风格,否则会分散观众的注意力,降低信息传达的效率。

(2)文本排版的艺术。合理使用缩进和行间距,不仅可以使文本看起来更加整齐有序,还能提高阅读的舒适度。适当的空间留白也能使幻灯片看起来更加清爽,避免因过度拥挤而导致的视觉疲劳。

(3)背景与内容的和谐。选择背景时,不仅要考虑美观,还要考虑背景与文本内容的和谐性。要确保背景不会干扰文本的阅读,例如使用低饱和度的颜色或简单的图案作为背景,以避免视觉上的冲突。

(4)视觉焦点的引导。可以使用图形、颜色或字体大小变化来引导观众的视觉焦点,以突出演示文稿中的关键信息。合理的视觉引导可以有效地帮助观众理解和记住演示的核心内容。

✤ 能力拓展

拓展 1:文本排版练习。选择一段较长的文本,尝试进行不同的缩进和行间距设置,观察哪种排版方式更有利于阅读和增强视觉效果。这项练习有助于提升对文本排版美感的感知能力。

拓展 2:背景设计实践。挑选一个实际的案例,例如商业计划书或营销报告的幻灯片,尝试为其设计一个既能突出主题,又不干扰信息传达的背景。可以是纯色背景、渐变色背景或是轻微纹理背景,关键在于背景与内容的和谐统一。

拓展 3:创意展示。在商业计划书或任何一个项目中,找到一个需要强化视觉效果的部分,运用学到的设计技巧进行改造。例如,数据图表的美化、关键信息的视觉突出等。完成后,与同事或朋友分享设计,收集反馈相关建议以进一步提升设计能力。

任务 3.7　让每一站旅程都生动起来:用 WPS 演示制作旅游行程介绍

✤ 案例描述

假设你是一位经验丰富的导游,正准备为即将到来的旅游团制作一个演示文稿,以方便向游客们讲解他们未来的行程。为了使这个演示文稿既有丰富的信息又在视觉上吸引人,你决定使用 WPS 演示中的绘图工具来美化你的演示文稿,以使每一站的旅程都生动、有趣。

✤ 素质目标

(1)专业精神展示。通过专业制作的演示文稿,展现导游的专业性以及对其职业的热爱,提升游客的体验。

(2)创新思维。运用 WPS 演示的高级功能来创新演示内容,体现导游在传统工作中融入新技术的能力。

(3)关注细节。对演示文稿中的每一个细节都精心设计,展现导游对旅游体验质量的高度关注。

135

❉ **学习目标**

（1）学习如何使用 WPS 演示来制作极具视觉吸引力的旅游行程介绍。

（2）学习如何设置形状的填充效果和轮廓，以增强演示文稿的视觉效果。

（3）提高对演示设计细节的关注力，以及创意表达和问题解决的能力。

❉ **操作步骤**

1．设置形状的填充效果

打开 WPS 演示并选择或插入一个形状，用于代表旅游行程中的某一站点，如图 3.52 所示。

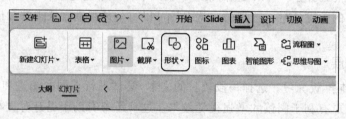

图 3.52　插入形状

单击"绘图工具"→"填充"，选择一个推荐的颜色，或使用取色器选取一个特定的颜色，以符合该站点的主题或氛围。也可以采用图片、纹理或图案进行填充，使其更具特色，如图 3.53 所示。

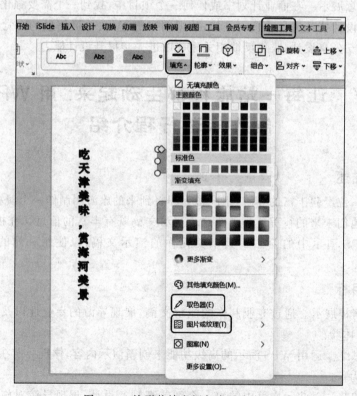

图 3.53　给形状填充颜色或图片纹理

填充颜色之前和填充颜色之后的对比图,如图 3.54 所示。

图 3.54　填充颜色效果对比

2. 设置形状的轮廓

单击"绘图工具"→"轮廓",选择一个推荐的轮廓颜色,或使用取色器选取一个特定的颜色,以增强形状的视觉效果。若轮廓要设置成线型,可以在"线型""虚线线型"中进行选择,以匹配演示的风格和内容,如图 3.55 所示。

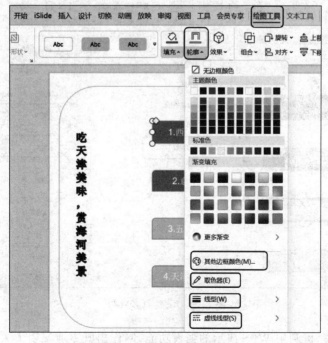

图 3.55　设置形状的轮廓

设置轮廓之前和设置轮廓之后的对比图,如图 3.56 所示。

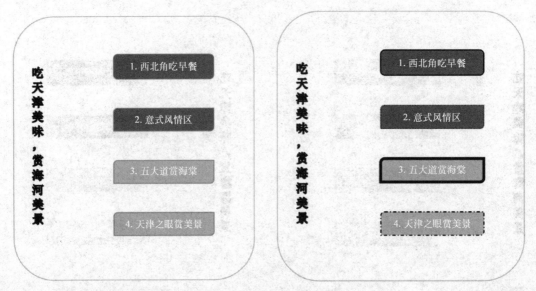

图 3.56　设置形状的轮廓线型、线色前后对比

3. 探索更多效果设置

单击"更多设置",探索更多的效果设置,如阴影、光线效果等,以进一步增强演示文稿的视觉效果。这可以帮助游客更好地投入旅游行程的介绍中,提高他们的兴趣和期待,如图 3.57 所示。

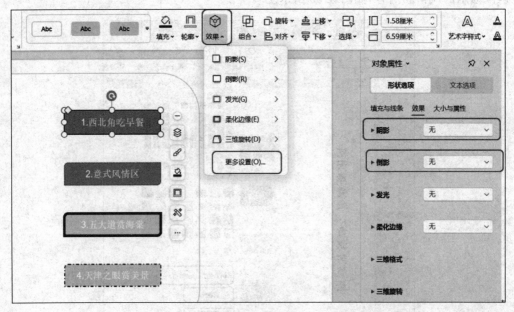

图 3.57　设置更多效果

通过上述步骤,可利用 WPS 演示的强大功能,制作出既专业又引人入胜的旅游行程介绍演示文稿,为游客提供一个难忘的旅游预览体验。设置效果后的成品如图 3.58 所示。

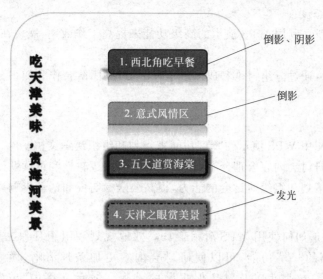

图 3.58 设置效果后的成品

❀ **操作技巧**

（1）填充与轮廓技巧可以用于各种形状和图表，如矩形、圆形、箭头、流程图等。根据具体需求选择合适的填充和轮廓效果。

（2）在设计 WPS 演示时，要注意保持一致的填充和轮廓风格，以确保整体视觉效果的统一性。

（3）要适量使用填充和轮廓效果，避免过度装饰，以免分散观众的注意力。

❀ **能力拓展**

拓展 1：选择一个形状或图表，使用填充和轮廓技巧为其添加自定义的填充颜色和轮廓样式。

拓展 2：创建一个自定义形状，并为其添加适合的填充和轮廓效果。

拓展 3：为一个形状或图表添加动画效果，并调整其填充和轮廓属性，以实现更生动的演示效果。

任务 3.8　绿色先锋：使用 WPS 演示 “节” 功能高效规划环保研讨会

❀ **案例描述**

假设你是一家非政府组织的活动策划者，负责组织一场关于“生态文明”的研讨会。你的任务是使用 WPS 演示的“节”功能来规划和组织演示文稿，以便于清晰地展示研讨会的各个环节，提高演示的效率和参与者的参与度。

❀ **素质目标**

（1）环保意识提升。通过组织研讨会，提高公众对可持续发展和环保问题的认识，体现

139

对地球未来负责的态度。

（2）效率与创新。利用 WPS 演示的高级功能来提高工作效率，展现在环保活动策划中的创新思维。

（3）团队协作。通过分组讨论和成果展示环节，鼓励团队合作和知识分享，体现团结协作的精神。

✿ **学习目标**

（1）学习如何使用 WPS 演示的"节"功能来规划和组织演示文稿。

（2）学会根据研讨会内容合理分节，提升演示文稿的逻辑性和可读性。

（3）培养高效策划和组织研讨会的能力，提高公众参与度和活动影响力。

✿ **案例分析**

本案例涉及的是如何使用 WPS 演示工具高效地规划和组织环保主题研讨会。通过合理利用演示文稿的"节"功能，可以使研讨会内容更加条理清晰，便于参与者理解和跟进，同时也展现了专业性以及对环保主题的重视。演示文稿的"节"功能如图 3.59 所示。

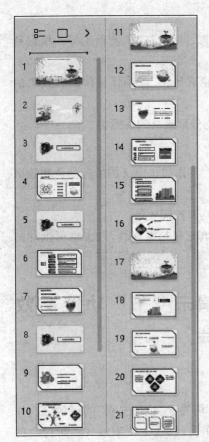
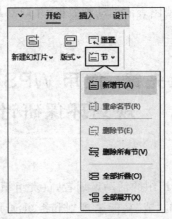
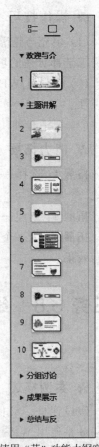

(a) 未使用"节"功能的大纲窗格　　　(b)"节"功能节界面　　　(c) 使用"节"功能大纲窗格

图 3.59　演示文稿的"节"功能

❈ **操作步骤**

1. 新建"绿色先锋研讨会"的演示文稿

打开 WPS 演示,单击"文件"→"新建",新建一个空白演示文稿。

2. 添加"欢迎与介绍"节

选择第一张幻灯片,单击"开始"→"节"→"新增节";或者右击新创建的节,选择"重命名",输入"欢迎与介绍"作为节的名称。这将为演示文稿创建第一个,如图 3.60 所示。

图 3.60　添加欢迎与介绍"节"功能的步骤

3. 添加"主题讲解"节

在适当的幻灯片上重复步骤 2 的操作,创建名为"主题讲解"的新节,如图 3.61 所示。

4. 添加"分组讨论""成果展示"和"总结与反馈"节

继续按照步骤 2 的方法,分别为"分组讨论""成果展示"和"总结与反馈"各添加一个节,如图 3.62 所示。

对每个节进行适当的重命名和内容填充,确保每个节的幻灯片内容与其主题相符。

5. 最终检查

审查每个节及其幻灯片内容,确保逻辑流畅,无遗漏。利用 WPS 演示的设计和布局工具,优化幻灯片的视觉效果。

通过这些步骤,可以高效地使用 WPS 演示的"节"功能来规划和组织一个关于"可持续发展与环保创新"的研讨会,使其内容更加丰富、条理清晰并易于理解。

❈ **操作技巧**

(1) 在创建演示文稿框架时,要考虑报告的逻辑性和结构性。合理设置"节"可以更好地组织和呈现报告的内容。

(2) 在每个节中,要使用清晰简洁的语言来表达信息,避免使用过多的文字和复杂的图表。

(3) 使用适当的视觉效果,如颜色、字体、布局等,可增强演示文稿的吸引力和可读性。

图 3.61　添加主题讲解的"节"功能

图 3.62　添加其他"节"功能

（4）在演示文稿中添加适量的图片和图表，可以更好地展示项目的情况和数据。

（5）在设计演示文稿框架时，要根据受众的需求和背景来选择合适的内容和方式展示。

❀ 能力拓展

拓展 1：根据上述演示文稿框架的步骤，创建一个新的 WPS 演示文稿，并按照要求设置节和相应的内容。

拓展 2：根据自己的实际工作或学习经历，设计一个团队合作方案报告的演示文稿框架。要考虑报告的结构和内容，合理设置节和相应的内容，以提高报告的可读性和效果。

拓展 3：分享你在设计演示文稿框架时的一些技巧和经验。请简要描述你在使用 WPS 演示文稿的"节"功能时遇到的挑战，并提出解决方法。

任务 3.9　创新演示界限：打造超宽屏幕 32∶9 演示文稿母版

❀ **案例描述**

假设你是负责公司年会活动策划的专员。随着显示技术的进步，超宽屏幕成为年会等大型活动的新宠，因此你面临的挑战是如何制作一个适配超宽屏幕 32∶9 比例的演示文稿母版，以便在未来的公司年会上使用，从而确保演示内容的视觉效果最大化，给观众留下深刻印象。

❀ **素质目标**

（1）创新与突破。通过探索和应用新技术标准，体现公司在市场上的创新力和领先地位。

（2）责任与专业。确保每次公司活动的演示都能达到最佳视觉效果，展现对公司品牌形象的负责态度。

（3）团队协作与共享。促进跨部门合作，共同完成演示文稿母版的制作和优化，体现团队协作精神。

❀ **学习目标**

（1）掌握在 WPS 演示中调整幻灯片页面尺寸到特殊比例（如 32∶9）的方法。

（2）学会编辑和定制幻灯片母版，包括背景、字体、颜色和布局等元素，以适应特殊的显示比例。

（3）培养创新思维，通过设计独特的演示文稿母版，提升演示效果和观众体验。

❀ **案例分析**

本案例涉及的是如何利用 WPS 演示工具，创新性地设计一个适配超宽屏幕 32∶9 比例的演示文稿母版。这不仅要求对软件的操作有深入了解，还要求对视觉设计有一定的认识，以确保演示内容在超宽屏幕上有良好的展示效果。

❀ **操作步骤**

1. 调整幻灯片页面尺寸

打开 WPS 演示，选择"设计"→"幻灯片大小"→"自定义大小"，如图 3.63 所示。

在弹出的"页面设置"对话框中,设置宽度和高度比例为 32∶9。例如,宽度设为 32 厘米,高度设为 9 厘米,单击"确定"按钮。

图 3.63　自定义幻灯片大小

2. 编辑和定制幻灯片母版

单击"视图"→"幻灯片母版",进入母版编辑模式。

编辑母版可以定制背景、字体、颜色和布局等。例如,可以为背景选择一张高分辨率的宽屏图片,以确保在超宽屏幕上展示时有良好的视觉效果,如图 3.64 所示。

图 3.64　编辑模板

插入公司标志、活动主题等元素,并设置好文字样式和颜色,确保在任何页面上都保持一致性和专业性,如图 3.65 所示。

3. 保存并应用母版

完成母版编辑后,单击"关闭"按钮,返回演示文稿编辑模式。

在新建幻灯片时,选择刚才创建的母版版式,即可快速制作适配超宽屏幕的演示文稿,如图 3.66 所示。

通过这些操作,不仅可以为公司年会创造一个在视觉上极具震撼的演示文稿,还能展现公司对技术和设计创新的重视,同时提升参与者的体验。

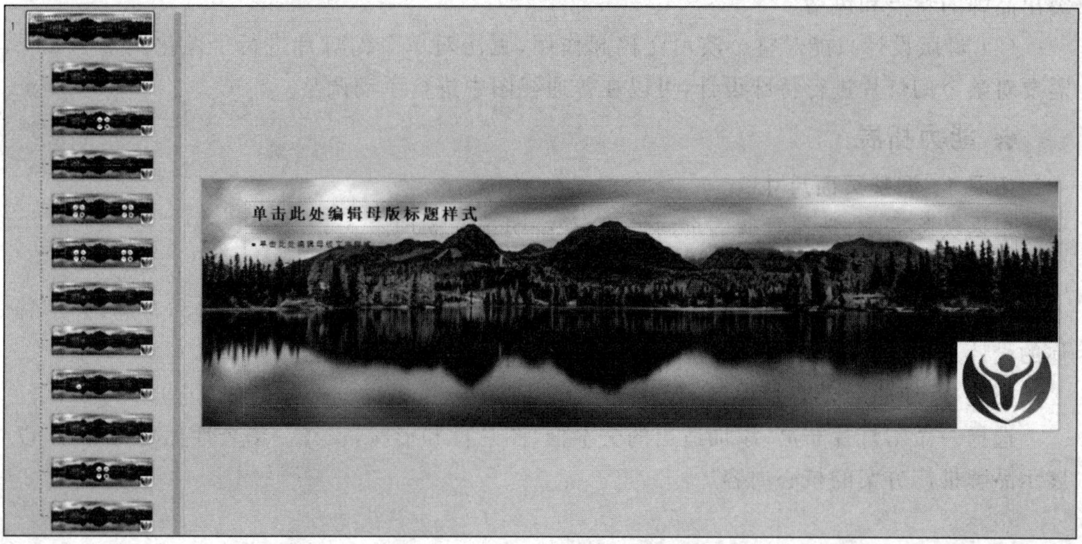

图 3.65 定制公司活动主题母版

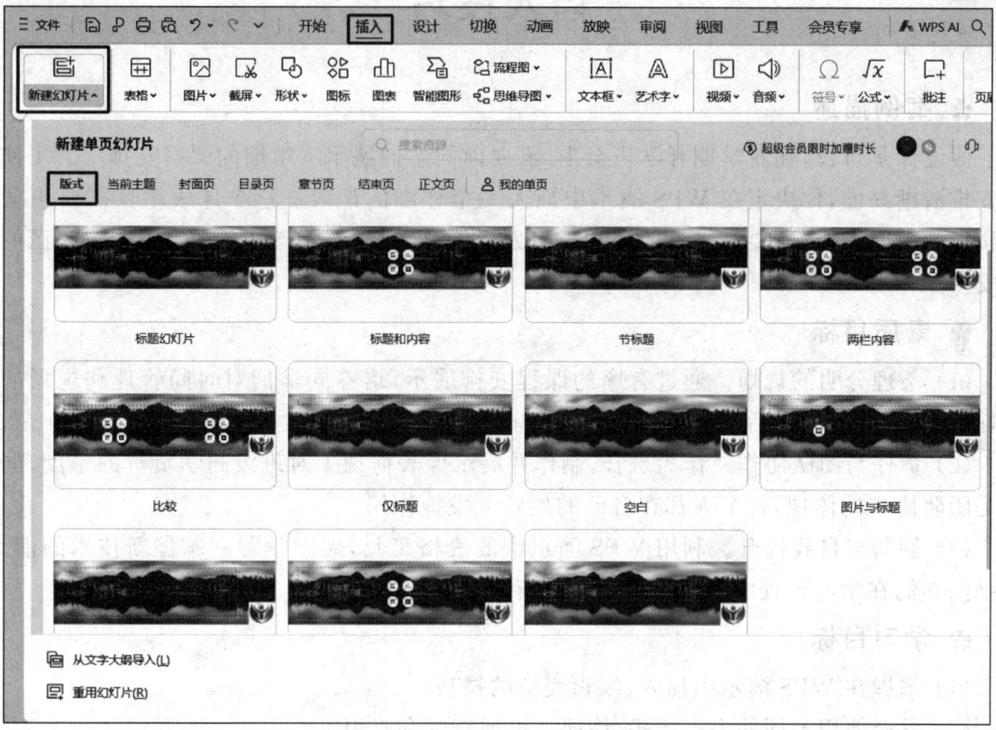

图 3.66 使用模板创建幻灯片

✲ 操作技巧

（1）调整页面尺寸时，应考虑最终展示的设备和场景。不同的设备和场景可能需要不同尺寸的幻灯片，以确保内容的最佳展示效果。

（2）自定义母版设计时，应与品牌形象保持一致。要选择适合的颜色、字体和布局，以突出品牌的特点和风格。

（3）母版设计只能对整个演示文稿起作用，无法对单个幻灯片进行个性化调整。如果需要对某个幻灯片进行特殊设计，可以在普通视图中进行手动调整。

✿ 能力拓展

拓展 1：调整页面尺寸

根据实际需求，选择合适的页面尺寸，并说明选择的理由。

拓展 2：自定义母版设计

根据一个品牌的要求，进行母版设计。选择适合品牌形象的颜色、字体和布局，并解释你的设计选择。

拓展 3：个性化幻灯片设计

选择一个幻灯片布局，添加适当的文本框、图片框和形状，设计一个个性化的幻灯片，以展示品牌推广方案的核心内容。

任务 3.10　让课表更井然有序：WPS 演示中的表格插入技巧

✿ 案例描述

假设你是班长，在新学期开学班会上，需要向同学们展示本学期的课程安排。为了使课程安排清晰易懂，你决定在 WPS 演示中插入一个详细的课表。这个课表不仅需要包含所有科目的时间安排，还要有足够的视觉吸引力，以确保同学们能够一目了然地了解自己的课程安排。

✿ 素质目标

（1）条理分明的规划。通过有序的课程安排展示，培养同学们对时间管理和规划的认识，强调条理分明的生活学习方式。

（2）责任与团队协作。作为班长，制作并展示课表体现了对班级同学负责的态度，同时也是团队协作的体现，每个人都在自己的位置上发挥作用。

（3）创新与自我提升。利用 WPS 演示中的表格工具，展示学习和掌握新技术的能力，鼓励同学们在学习过程中不断探索和尝试新方法。

✿ 学习目标

（1）掌握在 WPS 演示中插入、编辑表格的技巧。

（2）学会使用不同的表格样式，使课表更加直观和吸引人。

（3）培养细致入微的观察力和问题解决能力，通过调整表格的细节来优化信息展示。

✿ 操作步骤

1. 插入表格

打开 WPS 演示并创建新的幻灯片。

单击菜单栏中的"插入"→"表格"，根据课表的行列需求选择或输入行列数，如 5 行 6

列,拖曳选中插入表格,如图 3.67 所示。

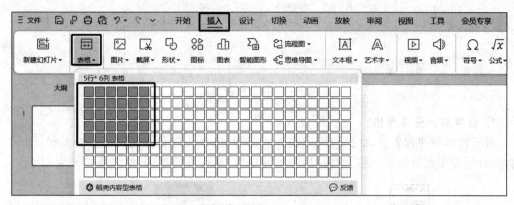

图 3.67　插入表格

2. 选择表格样式

选中刚插入的表格,单击"表格样式"选项卡,浏览并选择适合的表格样式,使课表更具吸引力,如图 3.68 所示。

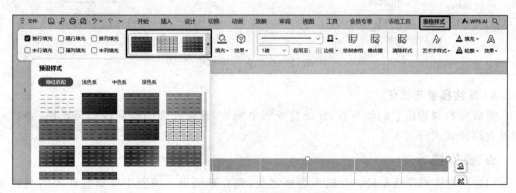

图 3.68　选择表格样式

3. 编辑表格内容

在表格中输入课程信息,包括科目名称、上课时间等,如图 3.69 所示。

上课时间	星期一	星期二	星期三	星期四	星期五
1、2	大学语文	机械制图	形势与政策	思想道德	机械设计
3、4	大学英语	机械制图	—	体育	机械设计
5、6	信息技术	体育	公差配合	高等数学	—
7、8	信息技术	—	公差配合	—	—

图 3.69　输入课程信息

4. 调整行列大小

根据内容多少,直接拖动表格边框或单元格分界线,调整行高和列宽,确保所有信息清晰展示,效果如图 3.70 所示。

上课时间	星期一	星期二	星期三	星期四	星期五
1、2	大学语文	机械制图	形势与政策	思想道德	机械设计
3、4	大学英语	机械制图	—	体育	机械设计
5、6	信息技术	体育	公差配合	高等数学	—
7、8	信息技术	—	公差配合	—	—

图 3.70　调整行高列宽

5. 合并与拆分单元格

对于特殊的课程安排,如跨时段或跨天的课程,选择相应单元格,使用"合并单元格"功能,或对于需要细分的单元格,使用"拆分单元格"功能进行调整,调整结果如图 3.71 所示。

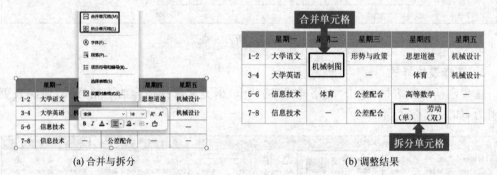

(a) 合并与拆分　　　　　　　　　　　　　(b) 调整结果

图 3.71　合并拆分单元格

6. 最终检查与优化

完成所有课程信息的填写后,仔细检查每个细节,确保课表的准确性和美观性,必要时调整表格样式或行列大小。

✿ 操作技巧

(1) 预先规划表格布局。在插入表格之前,先在草稿纸上或脑中规划好课表的大致布局,包括需要多少行列,哪些单元格需要合并等。这样可以避免反复修改,节省时间。

(2) 保持表格简洁清晰。避免在表格中使用过多的颜色或字体样式,否则会分散观众的注意力。要选择一种或两种协调的颜色以及清晰易读的字体,以保持表格的整洁和专业性。

(3) 合理利用单元格合并功能。合并单元格可以帮助突出重要信息或调整布局,但过度使用可能会导致表格结构混乱。只在必要时使用合并单元格,并确保合并后的表格仍然逻辑清晰。

(4) 使用表格辅助线。在编辑表格时,可以开启 WPS 演示的"显示网格线"功能,这有助于对齐单元格和文本,保证表格的整齐和对称。

(5) 适当调整文字方向。对于一些较长的文本或为了更好地利用空间,可以考虑调整单元格内文字的方向。例如,将科目名称设置为垂直显示,这样可以使得表格更加紧凑。

(6) 利用条件格式突出显示特殊课程。如果 WPS 演示支持,可以使用条件格式功能,根据特定条件(如课程类型)自动更改单元格的格式,以突出显示重要或特殊的课程。

✿ 能力拓展

拓展 1:插入表格

在 WPS 演示文稿中的一个幻灯片中插入一个表格,包括 4 行 4 列。根据需要,调整表格的样式和大小。

拓展 2：基本操作表格

在拓展 1 中插入的表格中进行以下操作。

（1）合并第一行的四个单元格，作为表格的标题行。

（2）调整第一列的宽度，使其适应标题内容。

（3）为第二列添加边框，突出显示数据。

拓展 3：思考财务报告的呈现方式

思考财务报告中表格的使用方式和效果。请简要说明表格在财务报告中的优势和局限性，并提出至少一种其他的数据可视化方式。

任务 3.11　图表大师：用 WPS 演示轻松呈现数据洞察力

✿ 案例描述

假设你是一家市场调研公司的数据分析师，负责收集和分析大学生对于手机品牌偏好、价格范围和好评度等数据。你的任务是通过这些数据，为公司提供有关当前市场趋势的深入分析，并预测未来的市场动向。

✿ 素质目标

（1）数据驱动决策。利用数据分析支持决策，体现了科学决策的重要性，强调数据的重要作用。

（2）细致入微的观察。通过对数据的细致分析，展现出对细节的重视，以及在细节中发现问题和机会的能力。

（3）技术应用与创新。学习和应用 WPS 演示中图表的制作和编辑，体现了对新技术的掌握和创新应用的精神。

✿ 学习目标

（1）学会根据数据的特点选择合适的图表类型进行展示。

（2）掌握在 WPS 演示中插入和编辑图表的技巧。

（3）培养将复杂数据通过图表直观展现的能力，以更好地支持数据驱动的决策。

✿ 操作步骤

1. 选择合适的图表类型

（1）对于品牌偏好的数据，使用饼形图展示各品牌的市场份额。

（2）对于手机价格范围的数据，使用柱状图展示不同价格段的手机数量分布。

（3）对于品牌好评度的数据，使用折线图展示不同品牌好评度随时间的变化趋势。

2. 在 WPS 演示中插入图表

打开 WPS 演示，单击菜单栏中的"插入"→"图表"，根据数据类型选择相应的图表插入，如图 3.72 所示。

3. 编辑图表数据

插入图表后，单击"图表工具"→"编辑数据"，如图 3.73 所示。WPS 会自动打开 WPS

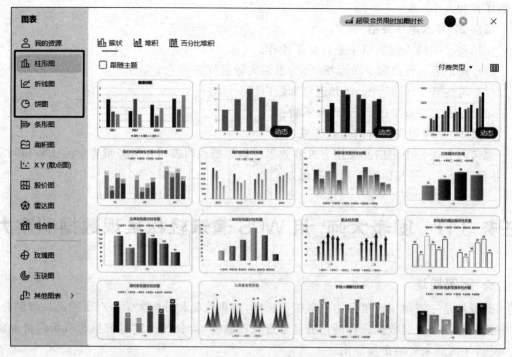

图 3.72　插入图表

表格,此时可在其中修改数据。

图 3.73　编辑图表数据

修改数据后,保存并关闭 WPS 表格,会发现演示文稿中的图表已根据新数据更新,图表效果如图 3.74 所示。

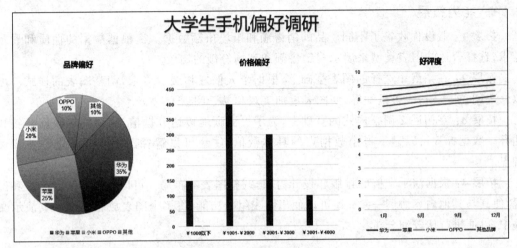

图 3.74　图表效果

4. 使用在线图表（限 WPS 稻壳会员）

对于 WPS 稻壳会员,可以单击"插入"→"在线图表",选择使用设计师精心设计的图表模板,使演示文稿更加专业和吸引人。

❋ 操作技巧

选择合适的图表类型对于有效地展示数据分析结果至关重要。以下是根据不同的数据分析展示目的推荐的图表类型。

（1）比较不同类别的数值。柱形图：适用于比较几个类别之间的数值。条形图：当类别名称较长或类别较多时,使用条形图可以更好地展示。

（2）展示时间序列数据的变化。折线图：适合展示随时间变化的数据趋势。股价图：特别适合金融领域,展示股票价格随时间的变化情况。

（3）展示各部分占整体的比例。饼图：最适合展示少量类别占整体的比例关系。玫瑰图（也称为夜光图）：类似于饼图,但更适合展示周期性数据。

（4）展示数据随时间的累积变化。面积图：在折线图的基础上,填充下方区域,强调量的累积变化。

（5）展示两个或多个变量之间的关系。XY 散点图：展示两个变量之间的关系,适用于寻找变量间的相关性。玉块图（气泡图）：在散点图的基础上,通过气泡的大小展示第三个维度的数据。

（6）展示多个变量或数据系列之间的关系。雷达图：适合展示多个变量的性能或特征,特别是用于比较。

（7）展示多种数据类型或数据系列的组合。组合图：将柱形图、折线图等组合在同一图表中,适合同时展示多种类型的数据关系。

（8）特定用途的图表。其他图表：根据特定需求,可能会使用更专业或定制的图表类型,如桑基图、树图等。

151

选择图表类型时,重要的是要考虑数据的性质、分析目的以及想要传达的信息。正确的图表类型不仅可以使数据分析结果更加清晰、直观,还能有效地向观众传达关键信息。

❖ 能力拓展

拓展 1:假设你收集了不同产品的销售额和市场份额数据。请根据数据的性质和展示需求,选择合适的图表类型来展示对销售额和市场份额的比较。

拓展 2:在拓展 1 选择的图表基础上,根据个人偏好和展示需求,调整图表的样式。可以修改颜色、字体、线条粗细等,使图表更加美观和易于阅读。

拓展 3:在拓展 2 调整样式的基础上,为了更清晰地传达数据信息,请添加数据标签和注释。数据标签可以显示每个数据点的具体数值,注释可以解释图表中的特定趋势或关键点。

拓展 4:根据演示文稿的排版和设计需求,调整图表的布局。可以改变图表的大小和位置,使其与其他内容协调一致;还可以使用图表组合功能,将多个图表放置在同一页演示文稿中,以便进行比较和分析。

任务 3.12　让您的演示更生动: WPS 演示中的视频编辑魔法

❖ 案例描述

假设你是一位校园活动组织者,负责制作一份即将举行的校园活动宣传演示文稿。为了吸引更多师生的关注并提高活动的参与度,你决定在演示文稿中插入一段精彩的活动预告视频。WPS 演示的视频功能,不仅可以轻松插入视频,还能剪辑视频、更改视频封面,甚至替换视频,使演示更加生动和吸引人。

❖ 素质目标

(1) 创新表达。利用 WPS 演示的视频功能,展现创新的信息传达方式,提升演示的吸引力和表现力。

(2) 精益求精。通过视频剪辑和封面定制,展示对细节的关注和追求完美的态度,提升演示的专业度。

(3) 团队协作。在制作演示文稿的过程中,要鼓励团队成员共同参与视频选择、编辑和设计,体现团队合作精神。

❖ 学习目标

(1) 掌握在 WPS 演示中插入视频的方法。

(2) 学会使用 WPS 演示进行视频剪辑、更改视频封面和视频替换。

(3) 提升使用多媒体工具进行创意展示的能力,增强演示文稿的吸引力。

❖ 操作步骤

1. 插入视频

打开 WPS 演示文稿,单击“插入”→“视频”→“嵌入本地视频”,如图 3.75

所示。在弹出的对话框中选择视频文件,单击"打开"即可将视频插入演示文稿中。

图 3.75　插入视频

2. 剪辑视频

右击已插入的视频,选择"裁剪视频",如图 3.76 所示。

图 3.76　裁剪视频

在弹出的视频剪辑界面中,通过拖动时间线上的剪辑标志来调整视频的起始和结束时间,如图 3.77 所示。

3. 更改视频封面

单击视频,单击"视频工具"→"视频封面"→"来自文件",然后在弹出的对话框中,选择一个图片文件作为视频封面,如图 3.78 所示。或者拖动视频时间线至希望的帧,然后选择"将当前画面设为视频封面",如图 3.79 所示。

4. 更换视频

如果需要更换视频,右击视频,选择"更改视频",如图 3.80 所示,然后在弹出的对话框中选择新的视频文件即可。

通过上述操作步骤,可以充分利用 WPS 演示中的视频功能,使校园活动宣传演示文稿更加生动和吸引人。

图 3.77　调整裁剪时间

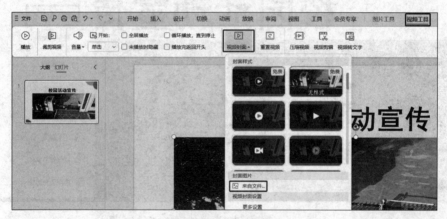

图 3.78　图片文件设置为视频封面

图 3.79　视频帧设置为视频封面

图 3.80　更改视频

❋ **操作技巧**

（1）要确保所插入的视频文件格式受 WPS 演示支持，如 MP4、AVI 等常见格式。

（2）要考虑视频文件的大小和分辨率，以确保 WPS 演示文件的体积合理。

（3）在插入视频前，最好将所有相关视频文件保存在同一文件夹中，以便管理和维护。

❋ **能力拓展**

拓展 1：选择一个企业文化宣传 WPS 演示的主题，并创建一个新的幻灯片。

拓展 2：在幻灯片中选择适当的位置，插入一个视频文件。

拓展 3：调整视频的大小和位置，设置视频的播放方式，并预览视频在幻灯片中的播放效果。

任务 3.13　激活演讲的声音魔法: WPS 演示中音频与图标的高效应用

❋ **案例描述**

假设你是一位校园活动组织者，负责制作一份即将举行的校园活动宣传演示文稿。为了更有效地吸引听众的注意力并增强演讲的情感表达，你决定在演示文稿中巧妙地插入音频，并利用图标来强调关键信息。WPS 演示的音频编辑和图标插入功能，可以使演示更加生动和吸引人，从而使活动信息传达更为直观和动听。

❋ **素质目标**

（1）创意传达。运用音频和图标的结合，展示信息传达的创新方式，提升演示的吸引力和表现力。

（2）细节关注。通过音频剪辑和图标选择，展现对演示细节的精心调整和优化，体现精益求精的态度。

（3）技术应用。学习和运用 WPS 演示中的音频和图标功能，体现与时俱进、掌握新技

155

能的精神。

✿ 学习目标

（1）掌握在 WPS 演示中插入和编辑音频的技巧。

（2）学会在演示文稿中有效使用图标以增强信息的视觉表达。

（3）提升创意设计和技术应用能力，增强演示文稿的表现力和吸引力。

✿ 案例分析

在校园活动宣传的背景下，音频的插入可以激发听众的情感共鸣，而合理的图标应用则可以使信息传达更加直观和高效。WPS 演示提供的音频编辑和图标插入功能，为演示文稿的制作提供了强大的支持，可以使演示更加专业和吸引人。

✿ 操作步骤

1. 插入和剪辑音频

打开 WPS 演示文稿，单击"插入"→"音频"→"嵌入音频"，选择本地音频
文件插入演示文稿内，如图 3.81 所示。

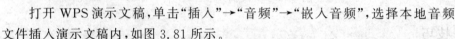

图 3.81　嵌入音频

选中音频，单击"裁剪音频"选项，对音频文件进行剪辑，并调整音频的起始和结束时间，如图 3.82 所示。

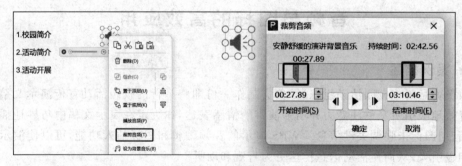

图 3.82　裁剪音频

2. 设置音频播放方式

为音频设置"当前页播放"，确保音频只在当前幻灯片播放，切换至下一页时自动停止，如图 3.83 所示。

若要在特定幻灯片持续播放音频，单击"音频工具"→"跨幻灯片播放"，选择要播放的幻灯片即可，如图 3.84 所示。

图 3.83　当前页播放

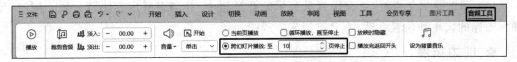

图 3.84　跨幻灯片播放音频

将音频设置为"背景音乐",系统将自动勾选"循环播放,直至停止"和"放映时隐藏",实现整个演示文稿放映时的连续背景音乐播放,如图 3.85 所示。

图 3.85　将音频设置为背景音乐

3. 插入和应用图标

单击"插入"→"图标",从中选择合适的图标插入演示文稿,强调关键信息或美化页面,如图 3.86 所示。

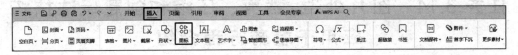

图 3.86　插入图标

使用"一键速排"功能,选中文本框后,根据文本内容的长度,WPS 会智能识别并提供适合的图标和排版样式,如图 3.87 所示。

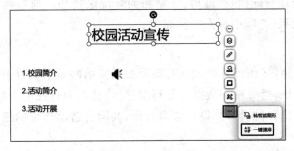

图 3.87　一键速排

通过上述步骤,可以有效地在 WPS 演示文稿中应用音频和图标,不仅增强了演讲的吸引力和表现力,还提升了信息传达的效果,使校园活动宣传更加生动和具有影响力。

✿ 操作技巧

(1) 在选择背景音乐时,应考虑活动的主题和氛围,选择适合的音乐类型和节奏。同时,要确保音量适中,不干扰演示的内容。

（2）在选择图标时,应根据文档的内容和设计风格,选择简洁明了、与主题相关的图标。避免使用过多复杂的图标,以免分散观众的注意力。

（3）调整背景音乐和图标的显示时间和顺序,以确保它们与幻灯片的内容和讲解的步骤一致。

（4）测试演示文稿时,要确保背景音乐的音量适中,并与讲解内容协调一致。同时,要确保图标的大小和位置合适,不会遮挡文字或图片。

❈ 能力拓展

拓展 1：选择适合公司年会的背景音乐

假设你正在为一家公司策划年会,需要为年会演示文稿添加背景音乐。请根据年会的主题和氛围,选择一首适合的背景音乐,并说明选择的理由。

拓展 2：设计一个公司活动的图标

假设你正在为一家公司策划一场促销活动,请设计一个适合该活动的图标,并解释图标的寓意和设计理念。

拓展 3：分析背景音乐和图标的应用效果

根据在拓展 1 和拓展 2 中选择设计的背景音乐及图标,分析它们在公司活动策划中的应用效果。请说明它们是如何增加文档的吸引力和专业性的,并提出至少两种其他方式来增强演示文稿的效果。

任务 3.14　图片处理：裁剪、压缩和创意玩法技巧 应用于旅游行程介绍

❈ **案例描述**

假设你是一名旅游博主,负责编写旅游行程介绍的演示文稿。下面我们将学习 WPS 演示文稿中的图片处理功能,包括裁剪、压缩和创意玩法技巧。通过使用这些功能,可以提高演示文稿的视觉效果,并吸引观众的注意力。

❈ **素质目标**

（1）弘扬创新精神,运用图片处理技巧提升演示文稿的质量和吸引力。

（2）坚持审美意识,通过精心选择和处理图片,传达旅游行程的美好和独特之处。

（3）强调团队合作,与摄影师、设计师等合作,共同打造出精美的旅游行程介绍。

❈ **学习目标**

（1）理解图片处理的重要性及其在演示文稿中的应用。

（2）掌握 WPS 演示文稿中的图片裁剪、压缩和创意玩法技巧的操作方法。

（3）学会运用图片处理技巧,提升旅游行程介绍的质量和吸引力。

❈ **案例分析**

在本案例中,我们将展示如何通过 WPS 演示文稿的图片处理功能,提升一份旅游行程

介绍的视觉效果。例如，面对尺寸和格式不一的天津景点照片，我们采用了裁剪、压缩和创意玩法技巧等方法来优化图片。

首先，通过裁剪功能去除不必要的背景，如游客和杂乱元素，聚焦于如天津之眼、意式风情区等核心景观，提升图片专注度并优化文档布局。其次，为了确保文档在各种设备上的流畅展示，可以对图片进行压缩，既能保持视觉质量，又可以减小文件体积，优化用户体验。最后，通过叠加半透明形状和文字、应用滤镜效果等创意技巧，来增添艺术气息，突出重点信息，激发观众想象，使旅游介绍更生动吸引。这一案例表明，合理应用图片处理功能，能显著提升演示文稿的视觉吸引力和质量，为观众带来精彩的视觉体验。

❋ 操作步骤

1. 裁剪图片

在演示文稿中插入需要裁剪的图片。

选中插入的图片，单击"图片工具"→"裁剪"。在裁剪模式下，调整裁剪框的大小和位置，以选择需要保留的部分。

单击"裁剪"按钮，完成裁剪操作，效果如图 3.88 所示。

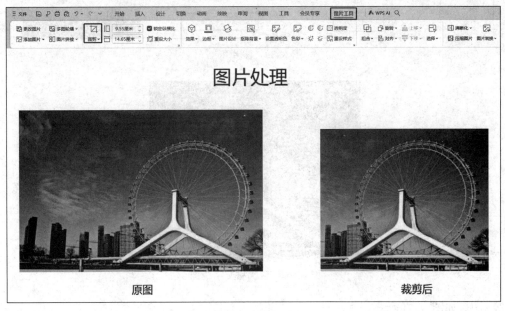

图 3.88　裁剪图片

2. 压缩图片

在演示文稿中插入需要压缩的图片。

选中插入的图片，单击"图片工具"→"压缩图片"，在弹出的对话框中，选择适当的压缩选项，如分辨率和质量，如图 3.89 所示。单击"确定"按钮，完成图片压缩。

3. 创意玩法技巧

（1）使用形状和文字叠加效果。在图片上叠加透明的形状，并添加文字说明，以突出重点或提供更多信息，如图 3.90 所示。

（2）应用滤镜效果。通过应用滤镜效果，如黑白、模糊或怀旧效果，使图片更具艺术感

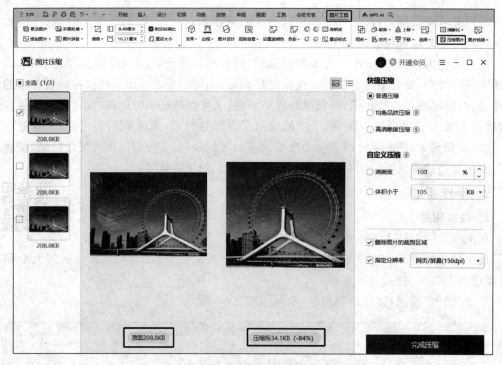

图 3.89　图片压缩

图 3.90　形状和文字叠加

和吸引力,如图 3.91 所示。

图 3.91　应用滤镜效果

(3) 制作图片幻灯片。将多张相关的图片制作成幻灯片,通过切换幻灯片来展示不同的景点或行程。

※ 操作技巧

(1) 在裁剪图片时,要保留重要的元素和细节,以确保图片仍然有意义。

（2）在压缩图片时，要根据演示文稿的需要选择适当的压缩选项，以平衡图片质量和文件大小。

（3）在使用创意玩法技巧时，注意不要过度使用效果，以免分散观众的注意力。

（4）可以尝试不同的图片处理技巧，以找到最适合旅游行程介绍的方式。

❀ 能力拓展

拓展 1：裁剪图片

在 WPS 演示文稿中插入一张图片，并使用裁剪功能将图片裁剪为合适的尺寸。

拓展 2：压缩图片

在 WPS 演示文稿中插入一张高分辨率的图片，并使用压缩功能将其压缩为适当的大小。

拓展 3：创意玩法技巧应用

选择一张适合旅游行程介绍的图片，尝试应用创意玩法技巧，如形状叠加、滤镜效果或制作图片幻灯片。将修改后的图片插入到演示文稿中，并添加适当的说明。

拓展 4：图片处理的局限性与其他技巧

分析图片处理在旅游行程介绍中可能存在的局限性，并提出至少两种其他技巧，以增强演示文稿的视觉效果和吸引力。

任务 3.15　打造精美布局：运用形状插入与对齐制作设计师作品集

❀ 案例描述

假设你是一名设计师，需要制作一个精美的作品集来展示自己的设计作品。下面我们将学习通过使用 WPS 演示文稿的形状插入和对齐技巧，来打造一个令人印象深刻的作品集布局。

❀ 素质目标

（1）弘扬创新精神，通过形状插入和对齐技巧，展示自己的设计才华和创造力。

（2）培养审美意识，注重布局和细节，打造一个令人印象深刻的作品集。

（3）倡导分享精神，通过展示自己的设计作品，与他人交流和学习，共同进步。

❀ 学习目标

（1）理解形状插入和对齐技巧在制作作品集中的作用。

（2）掌握形状插入和对齐技巧的操作方法，提高设计布局的美观度。

（3）会用颜色、样式和动画效果，增强作品集的吸引力。

❀ 操作步骤

（1）创建一个新的演示文稿并选择适合的主题模板，如图 3.92 所示。

（2）在第一页中插入一个标题，并更改字体、颜色和大小等属性来突出标题的重要性，如图 3.93 所示。

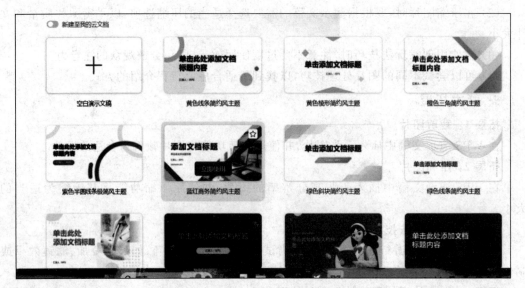

图 3.92　选择主题模板

图 3.93　插入标题

（3）在接下来的几页中，依次插入设计作品。可以使用形状工具栏中的矩形、圆形、箭头等形状来装饰和分隔不同的作品，如图 3.94 所示。

（4）对每个作品进行对齐和调整。使用对齐工具栏中的对齐方式，确保作品在页面上的位置和间距都符合设计要求，如图 3.95 所示。

（5）运用颜色和样式来增强作品的视觉效果。可以选择不同的填充颜色、边框样式和阴影效果，使每个作品都独特而引人注目，如图 3.96 所示。

（6）添加动画效果以提升作品集的交互性。可以为每个作品添加入场、退出或切换动画效果，使整个作品集更加生动有趣，如图 3.97 所示。

（7）在最后一页中，添加一个联系信息页面，包括姓名、联系方式和社交媒体链接等。确保该页面的布局与前面的作品页保持一致，如图 3.98 所示。

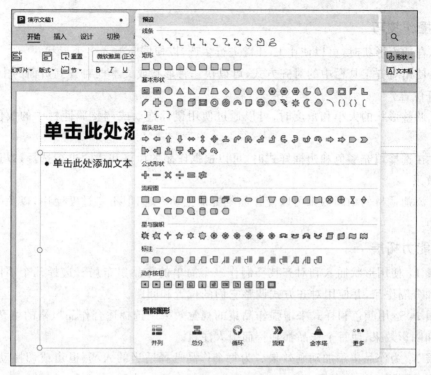

图 3.94　形状工具栏扩展

图 3.95　对齐方式选择

图 3.96　颜色填充与边框修改

图 3.97　动画效果添加

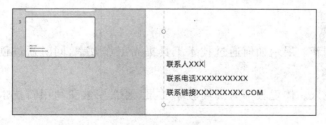

图 3.98　写入信息

❀ 操作技巧

（1）在插入形状时，可以使用 Ctrl 键进行多选，以便同时插入多个形状。

（2）使用对齐工具栏中的对齐方式，可以快速将形状或文本框对齐到页面的中心、左侧或右侧等位置。

（3）调整形状的大小和角度时，可以通过使用鼠标拖动或调整属性栏中的数值来精确控制。

（4）在选择填充颜色和边框样式时，可以根据作品的风格和主题进行选择，以达到最佳的视觉效果。

（5）添加适量的动画效果可以使作品集更加生动有趣，但不要过度使用，以免分散观众的注意力。

❀ 能力拓展

拓展 1：使用形状插入和对齐技巧制作一个简单的作品集布局。选择几个不同的形状来装饰和分隔作品，并使用对齐方式调整它们的位置和间距。

拓展 2：运用颜色和样式来增强作品集的视觉效果。选择适合作品风格的填充颜色、边框样式和阴影效果，使每个作品都独特而引人注目。

拓展 3：为作品集添加动画效果。为每个作品选择适当的入场、退出或切换动画效果，使整个作品集更加生动有趣。

拓展 4：在联系信息页面中，添加一张你认为最能代表自己的照片，并在照片旁边添加一个文本框，介绍你的设计理念和风格。

拓展 5：与同学分享你的作品集，并互相评价和提出改进建议。通过交流和学习，共同提高设计水平和创造力。

任务 3.16　快速打造吸引力十足的课堂演示：WPS 演示模板的高效运用

❀ 案例描述

假设你是一名教师，负责准备一堂关于"环保意识提升"的课程。由于时间紧迫，你需要快速制作一个内容丰富、形式多样、能够吸引学生注意力的演示文稿。因此你决定借助 WPS 演示中的模板素材功能，一键套用专业设计的模板，以提高演示文稿的美观度和专业性。

❀ 素质目标

（1）效率与创新。展示如何通过技术工具提高工作效率，同时通过创新的演示方式激发学生的学习兴趣。

（2）责任与投入。体现教师为提高教学质量，愿意探索和利用新技术的责任感和投入精神。

（3）持续学习。鼓励教师不断学习新技能，与时俱进，提升自己的教学方法和技术。

✲ 学习目标

(1) 学会使用 WPS 演示中的模板素材功能,快速创建美观的演示文稿。

(2) 学会根据演示内容和场合,选择合适的模板风格和色彩。

(3) 培养利用现代技术工具提高工作效率和教学质量的能力。

✲ 案例分析

在本案例中,你作为一名教师,面对制作演示文稿的任务,选择使用 WPS 演示的模板素材功能来快速完成任务。这不仅节省了时间,也保证了演示文稿的专业度和吸引力。通过合理选择模板,能够更好地传达课程内容,增强学生的学习体验。

✲ 操作步骤

1. 选择模板

启动 WPS 演示,单击“新建幻灯片”,浏览不同类别的模板,如封面、目录、章节等,如图 3.99 所示。

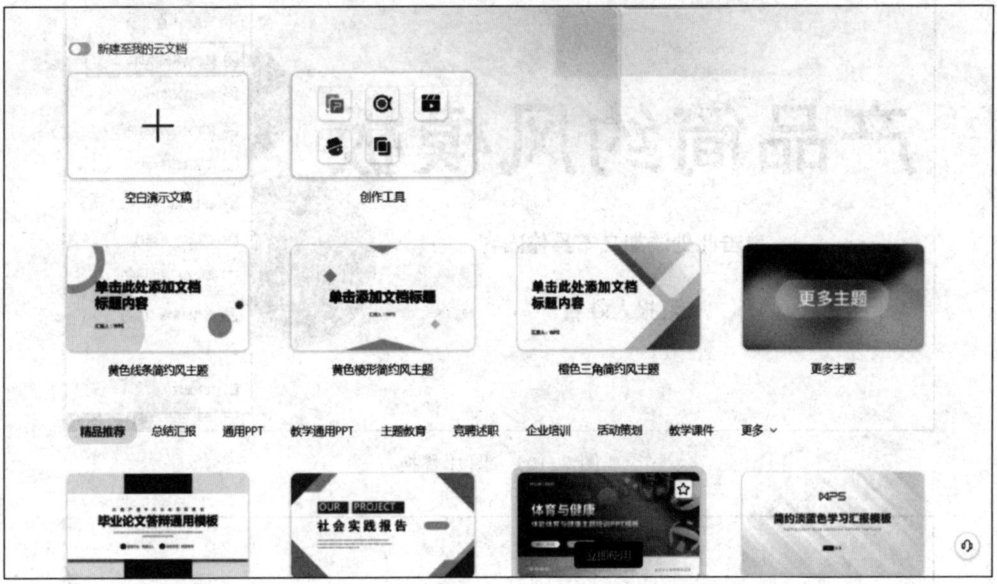

图 3.99 幻灯片选择

针对“环保意识提升”课程,选择小清新风格的封面模板,以吸引学生的注意力。

2. 图文结合

使用模板中的图文排版功能,选择适合的图片版式布局,如图 3.100 所示。

选定模板后右击,单击模板中的图片替换标志,上传与环保主题相关的图片。所上传的图片将自动适应模板布局,如图 3.101 所示。

3. 定制化调整

根据课程内容,对选定的模板进行必要的文本编辑和调整,如修改标题、添加关键点等,如图 3.102 所示。

通过这些步骤,能够快速制作出既美观又专业的演示文稿,有效提升课堂教学的吸引力和传达效果。

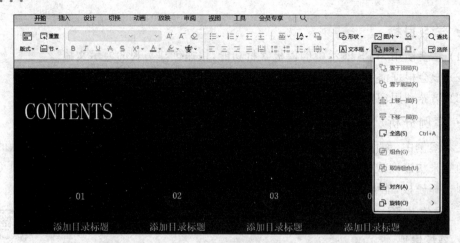

图 3.100　版式布局选择

图 3.101　图片替换

图 3.102　文本编辑和调整

❋ 操作技巧

（1）使用模板可以快速制作演示文稿，但需要根据实际需求进行适当的编辑和调整，以确保符合个人或公司的风格。

（2）模板库中的模板样式有限，可能无法完全满足特定的设计要求。在这种情况下，可以考虑自定义模板，或者修改已有模板的样式和布局。

（3）使用模板制作演示文稿可以提高排版效率，但并不代表一定能够产生高质量的内容。除了排版外，还需要关注内容的逻辑性、清晰度和吸引力。

❋ 能力拓展

拓展 1：使用模板制作销售报告

请根据上述步骤，在 WPS 演示文稿中新建一个带模板的文档，并制作一个销售报告。报告内容可以包括销售数据、趋势分析、市场情况等。

拓展 2：自定义模板

请根据个人或公司的需求，自定义一个 WPS 演示模板，可以调整布局、颜色、字体等样式，使其符合个人或公司的风格。

拓展 3：比较模板制作和传统制作的优劣势

请简要比较使用模板制作 WPS 演示和传统从头开始设计的方法在排版效率、一致性、可定制性等方面的优劣势，并说明在不同情境下应选择何种制作方法。

任务 3.17　古诗词的现代呈现: 用 WPS 演示打造动人心弦的诵读比赛

❋ 案例描述

假设你是一位热爱中国传统文化的中学语文老师，准备为学校的古诗词诵读比赛制作一份演示文稿。这份演示文稿不仅要准确传达比赛的流程和规则，还要展示参赛选手的资料和他们将要诵读的古诗词。更重要的是，要通过精美的配图、合适的表格和动人的页面设计来提升整个比赛的观赏性和教育意义，让古诗词的美在现代技术的辅助下得到新的生命。

❋ 素质目标

（1）文化自信。通过对古诗词的学习和传承，增强学生对中国传统文化的自信和自豪感。

（2）创新教育。运用现代技术工具 WPS 演示，展现教育教学的创新方法，提升教学效果。

（3）终身学习。鼓励学生和教师不断学习新技术，适应时代发展，实现个人成长和专业提升。

❋ 学习目标

（1）学会使用 WPS 演示中的"单页美化"和"智能美化"功能，提高演示文稿设计的效率和美观度。

（2）学习如何根据古诗词的内容和主题选择合适的美化模板和配图，以增强信息的传达效果。

（3）培养将传统文化内容与现代技术相结合的能力，创造出既有教育意义又具美观性的演示文稿。

❈ 操作步骤

1. 全文美化

打开 WPS 演示，载入演示文稿，单击"设计"→"单页美化"或"全文美化"，如图 3.103 所示。

图 3.103　智能美化组合

在"全文美化"对话框中，选择一个符合古诗词主题的风格，如"古典"，并选择一个配合的颜色，如"墨绿色"，如图 3.104 所示。

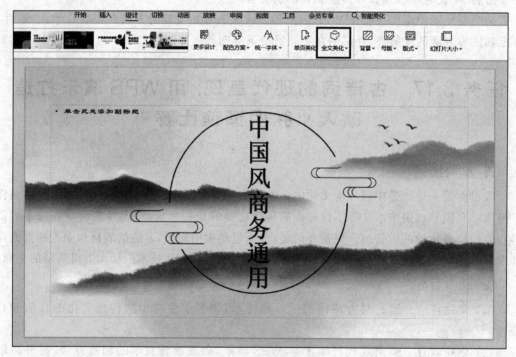

图 3.104　全文美化选项

预览换肤效果，满意后单击"应用美化"，即可一键美化整个文稿的外观。

2. 单页美化

对于需要特别强调的幻灯片，如介绍古诗词的页面，可单击"设计"选项卡，选择"单页美化"，如图 3.105 所示。

对于展示比赛流程或评分标准的表格，单击"单页美化"，选择"表格美化"，一键提升表

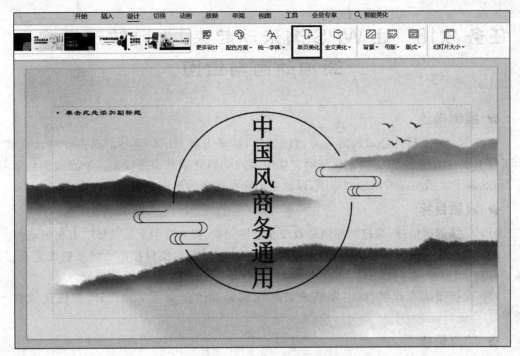

图 3.105　单页美化选项

格的视觉效果。

通过上述步骤,能够制作出一个既展现古诗词美感又符合现代审美的演示文稿,为古诗词诵读比赛增添光彩,同时也能为传承和推广中国传统文化作出贡献。

❈ 操作技巧

(1)智能美化功能可以快速美化文档,但在某些情况下可能无法满足特定的设计需求。在实际应用中,需要根据具体情况手动调整文档的格式。

(2)智能美化功能依赖于已有的模板和样式库。如果想要使用自定义的模板或样式,可以在"设计"选项卡中选择相应的模板或创建自定义样式。

❈ 能力拓展

拓展 1:单页美化实践

打开 WPS 演示文稿,创建一个新的幻灯片,并使用智能美化功能进行单页美化。选择一个适合的模板,并添加标题、内容和适当的图片。

拓展 2:全文美化实践

打开 WPS 演示文稿,创建一个新的文档,并使用智能美化功能进行全文美化。选择一个适合的模板,并添加标题、摘要、数据分析结果等内容。

拓展 3:智能美化的局限性与应对方法

根据拓展 1 和拓展 2 的实践经验,分析智能美化功能在单页美化和全文美化中可能存在的局限性。请简要说明可能存在的问题,并提出至少两种其他美化方法以提高文档的质量和专业度。

任务 3.18　让 WPS 演示动起来：为科技产品演示添加动画与绘图

❈ 案例描述

假设你是一家科技公司的演示文稿设计师，负责为新推出的科技产品制作演示文稿。为了吸引观众的注意力，你决定在演示文稿中添加动画效果和绘图元素。下面我们将学习在 WPS 演示文稿中添加动画和绘图，以及它们在科技产品演示中的实际应用。

❈ 素质目标

（1）弘扬创新精神，通过添加动画效果和绘图元素，提升演示文稿的吸引力和创意性。

（2）践行社会主义核心价值观，注重内容与形式的统一，使科技产品演示更加直观、易懂、有趣。

（3）发扬团队合作精神，与团队成员共同探讨和改进演示文稿设计，实现优质演示效果。

❈ 学习目标

（1）理解动画效果和绘图元素在演示文稿中的作用。

（2）掌握在 WPS 演示文稿中添加动画效果和绘图元素的操作方法。

（3）学会运用动画效果和绘图元素来提升科技产品演示的吸引力和效果。

❈ 操作步骤

1．添加动画效果

（1）打开 WPS 演示文稿，并创建一个新的幻灯片，如图 3.106 所示。

图 3.106　创建幻灯片

（2）在幻灯片中选择要添加动画效果的对象，如文字、图片或形状，如图 3.107 所示。

图 3.107 添加对象

（3）在顶部菜单栏中选择"动画"选项卡，如图 3.108 所示。

图 3.108 选择"动画"

（4）在"动画"选项卡中，可以选择不同的动画效果，如淡入、弹出、旋转等。单击所选动画效果后，即可预览效果，如图 3.109 所示。

图 3.109 选择动画效果

（5）调整动画效果的参数，如持续时间、延迟时间等，以满足演示需求，如图 3.110 所示。

图 3.110 调整动画效果

（6）在幻灯片中添加更多对象，并为它们选择适当的动画效果。

2. 添加绘图元素

（1）在幻灯片中选择要添加绘图元素的位置，如标题或内容区域。

（2）在顶部菜单栏中选择"插入"选项卡。

（3）在"插入"选项卡中，可以选择不同类型的绘图元素，如形状、线条、图表等。单击所选绘图元素后，在幻灯片中绘制相应的形状或图表，如图 3.111 所示。

图 3.111 选择绘图元素

（4）调整绘图元素的样式和属性，如颜色、大小、边框等，以使其与演示文稿的整体风格一致。

（5）根据需要，可以在绘图元素上添加文字或其他附加信息，以增强演示效果。

✽ 操作技巧

（1）要控制动画效果的使用数量和频率，避免过度，以免分散观众的注意力。

（2）根据演示的内容和目的，选择适合的动画效果，如强调重点、展示过程、引起反思等。

（3）使用绘图元素时，要注意保持简洁和清晰，避免使用过多的装饰和复杂的图形。

✿ 能力拓展

拓展 1：设计一张科技产品演示文稿的幻灯片，包括标题和背景图片。为标题添加一个淡入的动画效果。

拓展 2：在拓展 1 的幻灯片中，添加一个形状元素，并使用旋转的动画效果使其逐渐出现。

拓展 3：在拓展 1 的幻灯片中，添加一个绘图元素，并调整其样式和属性，使其与演示文稿的整体风格一致。

拓展 4：分析动画效果和绘图元素在科技产品演示中的优势和限制。请简要说明可能存在的问题，并提出至少两种其他方法以提高演示效果。

任务 3.19　演示技巧：设置放映模式与添加演讲备注以优化教育培训课程

✿ 案例描述

作为一名教育培训师，你经常需要使用演示文稿来展示和分享知识。本节我们将学习如何使用 WPS 演示文稿中的设置放映模式和添加演讲备注的功能，来优化教育培训课程的效果。

✿ 素质目标

（1）弘扬科学精神，充分利用技术手段来提升教育培训的质量和效果。

（2）培养创新意识，不断探索和尝试新的教学方法和工具，以满足学习者的需求。

（3）强调实践能力的培养，通过实际操作和演示，提高学生的学习参与度和理解能力。

✿ 学习目标

（1）理解设置放映模式的作用和使用场景。

（2）学习如何设置放映模式，并进行相关的操作。

（3）理解演讲备注的作用，并学会添加、编辑和使用演讲备注。

✿ 操作步骤

1. 设置放映模式

打开 WPS 演示文稿，并选择要进行放映的演示文稿，如图 3.112 所示。

图 3.112　打开演示文稿

在菜单栏中单击"放映"→"放映设置",如图 3.113 所示。

图 3.113 选择"放映设置"

在弹出的对话框中,可以选择不同的放映模式,如全屏模式、幻灯片浏览器模式等。根据实际需求选择适合的放映模式。

可以设置自动播放、循环放映、隐藏鼠标等其他选项,以满足特定的放映需求。

单击"确定"按钮,完成放映模式的设置,如图 3.114 所示。

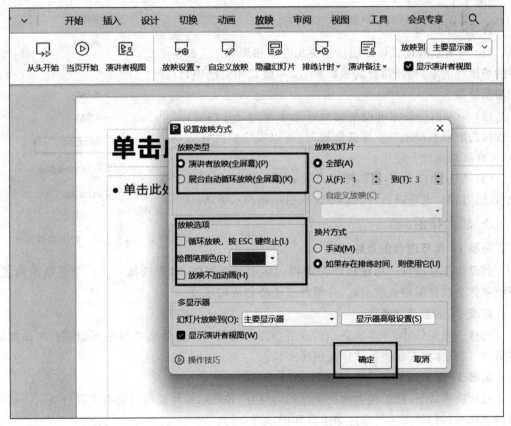

图 3.114 放映模式设置

2. 添加演讲备注

在演示文稿的编辑模式下,选择要添加演讲备注的幻灯片。

在菜单栏中单击"放映"→"演讲备注",如图 3.115 所示。此时,幻灯片的右侧会出现一个备注栏,可以在其中输入演讲备注。演讲备注可以是对幻灯片内容的解释、关键点的强调、讲解的提示等。拖动备注栏的边框可以调整备注栏的大小。

图 3.115 添加备注

3. 使用演讲备注

在放映模式下,当播放到有演讲备注的幻灯片时,右击或按下键盘上的 N 键,即可显示演讲备注。演讲备注将显示在屏幕的一侧,可帮助回顾和提醒幻灯片的内容。使用鼠标滚轮或键盘上的方向键可以切换到下一个或上一个幻灯片的演讲备注,如图 3.116 所示。

✿ 操作技巧

(1) 设置放映模式可以使演示更加专业和流畅。应根据不同的场景和需求,选择适合的放映模式,并设置相关选项,以提升演示效果。

(2) 添加演讲备注可以帮助更好地掌握幻灯片内容,提供更详细的解释和提示。在准备演讲时,可以事先编辑好演讲备注,并在放映模式下使用。

(3) 在放映模式下,可以随时查看演讲备注,以便回顾和提醒自己。同时,也可以通过演讲备注来引导和提示听众。

✿ 能力拓展

图 3.116 切换演讲备注

拓展 1:选择适合的放映模式

假设你正在进行一场在线培训课程的演示文稿制作,需要选择一个适合的放映模式。请说明你会选择哪种放映模式,并解释其优势和适用场景。

拓展 2:添加演讲备注

选择一张幻灯片,并添加适当的演讲备注。请说明你为什么选择在该幻灯片中添加演讲备注,以及你将在演讲备注中提供哪些信息。

拓展 3:使用演讲备注进行演示

在放映模式下,播放包含演讲备注的幻灯片,并展示如何使用演讲备注进行演示。请简要描述你是如何使用演讲备注来引导和提示听众的。

任务 3.20 打印与输出:添加 Logo,打印讲义输出图片,制作商务会议资料

✿ 案例描述

假设你是一家大型企业的行政助理,负责准备商务会议资料。下面我们将学习使用

WPS 演示文稿中的打印与输出功能来添加公司 Logo,并将讲义打印出来,同时输出图片以制作商务会议资料。

❀ 素质目标

(1)弘扬社会主义核心价值观,注重企业形象建设,体现企业的品牌力和文化内涵。

(2)践行工匠精神,追求卓越,在制作商务会议资料时注重细节和质量。

(3)践行绿色发展理念,合理利用资源,减少纸张和能源的浪费。

❀ 学习目标

(1)理解如何在 WPS 演示文稿中添加公司 Logo。

(2)掌握打印讲义的操作方法,以便制作实体资料。

(3)了解如何输出文档中的图片,以便制作电子资料。

❀ 操作步骤

1. 添加公司 Logo

打开 WPS 演示文稿,并创建一个新的演示文稿,如图 3.117 所示。

在文稿中选择要添加 Logo 的位置,例如标题页或页眉。

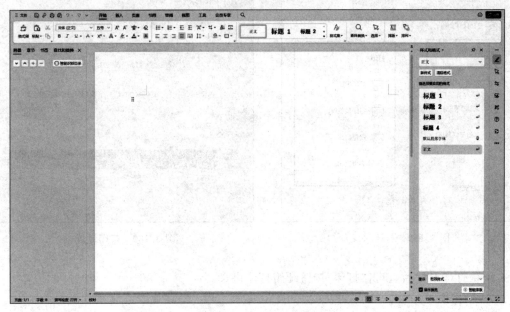

图 3.117　创建演示文稿

在菜单栏中选择“插入”→“图片”,如图 3.118 所示。

图 3.118　插入选项

在弹出的对话框中,选择保存公司 Logo 的文件,并单击"插入"按钮。

调整 Logo 的大小和位置,使其与文稿的布局相匹配。

2. 打印讲义

在菜单栏中单击"文件"→"打印",如图 3.119 所示。

在打印设置页面中,选择打印机和打印范围,如图 3.120 所示。

如果需要调整打印设置,如纸张大小、页边距等,单击"设置"按钮进行修改。

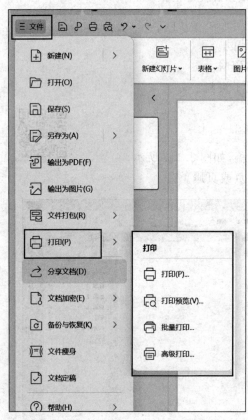
图 3.119　打印讲义

图 3.120　打印设置

确认打印设置后,单击"打印"按钮开始打印讲义。

3. 输出图片

在菜单栏中单击"文件"→"输出"。

在输出设置页面中,选择要输出的文件格式,如 PDF、图片等,如图 3.121 所示。

如果需要调整输出设置,例如图片质量、分辨率等,单击"设置"按钮进行修改,如图 3.122 所示。

确认输出设置后,选择输出的文件保存路径,然后单击"输出"按钮开始输出图片。

❉ 操作技巧

(1) 添加公司 Logo 时,应确保 Logo 的清晰度和大小合适,以保持文稿的专业性和美观性。

(2) 在打印讲义时,应注意选择合适的打印机和打印设置,以确保打印效果符合预期。

176

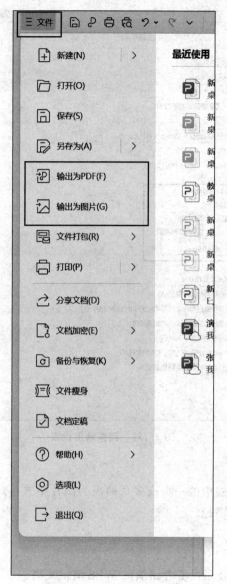

图 3.121　输出图片：PDF

（3）在输出图片时,应根据需要选择合适的文件格式和输出设置,以便于在电子设备上查看和分享。

❋ **能力拓展**

拓展 1：添加公司 Logo

请打开 WPS 演示文稿,创建一个新的演示文稿,并按照上述步骤添加你所在公司的 Logo。

拓展 2：打印讲义

请将你创建的演示文稿打印出来,以制作实体讲义。注意选择合适的打印机和打印设置。

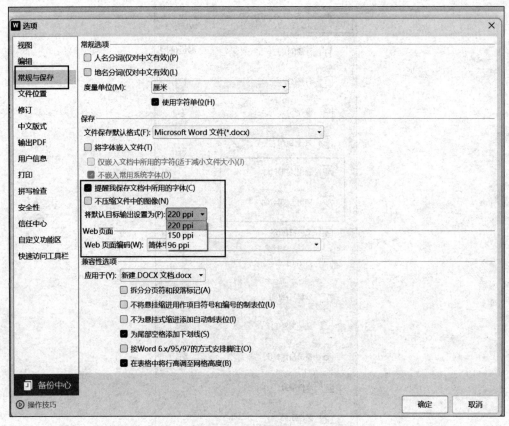

图 3.122　调整输出设置

拓展 3：输出图片

请将你创建的演示文稿中的一页或多页输出为图片格式，以便制作电子资料。注意选择合适的输出设置和保存路径。

单元考核

任务：制作一份创业公司投资者路演的 WPS 演示文稿。

任务描述如下。

为一个新创业公司创建一份投资者路演的 WPS 演示文稿。该演示应涵盖产品发布、市场分析、项目进度、公司总结和财务报告等内容。以下是任务的简要步骤。

（1）产品发布。描述产品或服务及其特色、优势和预期市场反应。（10 分）

（2）市场分析。分析目标市场，包括竞争格局、市场规模和潜在增长空间，使用快捷键和技巧突出数据和图表。（15 分）

（3）项目进度。描述公司发展历程和计划，将策略、里程碑及未来规划转化为 WPS 演示形式，清晰展示给投资者。（10 分）

（4）公司总结。制作年度总结报告，通过字体与文本魔法全面总结公司过去一年的经营活动。（10 分）

（5）商业计划。描述商业计划，正确设置缩进、间距和背景颜色，清晰展示紧凑信息。

（10 分）

（6）创新元素。制作富有动态元素的企业文化宣传片段，为展示增添吸引力。（10 分）

（7）财务报告。插入相关财务表格和图表，详细分析公司的财务状况。（15 分）

（8）公司宣传短片。制作并插入介绍公司文化、愿景和团队的视频，让投资者更全面了解公司。（10 分）

（9）封面和结束页。设计独特的、有前瞻性的封面和结束页，并为演示加入详情页，如公司 Logo 和联系方式等重要信息。（10 分）

单元4 信息检索

任务4.1 搜索引擎侦探：通过"植物保护"与"害虫"两个关键词探索布尔逻辑检索，同时使用百度高级搜索进行尝试

❀ 案例描述

假设你是一位农业科学研究员，正在研究植物保护和害虫的相关问题。你需要使用搜索引擎进行信息检索，以获取相关的学术资料和实践经验。下面我们将学习通过使用布尔逻辑检索和百度高级搜索来有效地检索到相关信息。

❀ 素质目标

（1）发扬科学精神，通过使用搜索引擎技术，来获取和分析植物保护和害虫的相关信息，为科研工作提供依据。

（2）弘扬实事求是的精神，对获取的信息进行严谨的分析和评估，避免受到错误信息的误导。

（3）践行社会主义核心价值观，积极参与农业科研活动，为我国农业发展和农民生活质量的提高作出贡献。

❀ 学习目标

（1）理解布尔逻辑检索的原理和使用方法。

（2）掌握百度高级搜索的使用技巧，提高信息检索的效率和准确性。

（3）学会利用搜索引擎获取和分析植物保护和害虫的相关信息。

❀ 操作步骤

（1）打开百度搜索引擎，如图4.1所示。

（2）在搜索框中输入"植物保护＊害虫"，单击"百度一下"按钮，观察搜索结果，如图4.2所示。这是一个布尔逻辑检索的例子，其中的"＊"表示同时满足"植物保护"和"害虫"两个关键词。

（3）在搜索框中输入"植物保护|害虫"，单击"百度一下"按钮，观察搜索结果，如图4.3所示。注意"|"左右有空格。这是一个布尔逻辑检索的例子，其中的"|"表示满足"植物保护"和"害虫"任意一个关键词或者两个同时满足。

图 4.1　百度首页

图 4.2　"植物保护 * 害虫"搜索结果

图 4.3　"植物保护 | 害虫"搜索结果

（4）在搜索框中输入"植物保护-害虫"，单击"百度一下"按钮，观察搜索结果，如图 4.4 所示。注意"-"左侧有空格。这是一个布尔逻辑检索的例子，其中的"-"表示满足"植物保护"减去"害虫"关键词所得内容。

图 4.4 "植物保护-害虫"搜索结果

（5）注意相关布尔逻辑检索在搜索引擎中的格式。例如，and 检索式为"植物保护 * 害虫"，or 检索式为"植物保护|害虫"，not 检索式为"植物保护-害虫"。

（6）查看搜索结果，找到相关的学术资料和实践经验。

（7）单击百度搜索框右侧的"高级搜索"选项，打开"高级搜索"页面，如图 4.5 所示。

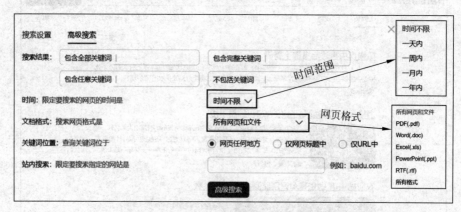

图 4.5 "高级搜索"页面

（8）在"高级搜索"页面，可以设置更多的搜索条件，如时间范围、网页格式等，以提高搜索的精确性。

❈ 操作技巧

(1) 布尔逻辑检索可以提高搜索的精确性,但也可能因为过于严格的条件而错过一些相关的信息。

(2) 百度高级搜索提供了更多的搜索条件,但需要用户有一定的信息检索知识和技能。

(3) 使用搜索引擎进行信息检索时,需要注意信息的真实性和可靠性。

❈ 能力拓展

拓展 1:使用布尔逻辑检索

尝试使用布尔逻辑检索找到其他相关的信息,例如"植物保护 or 害虫"。

拓展 2:使用百度高级搜索

尝试使用百度高级搜索的其他功能,例如按时间范围搜索、按网页格式搜索等。

拓展 3:应用搜索引擎到实际工作中

根据你的实际工作场景,请思考如何利用搜索引擎进行信息检索? 描述并分享你的想法。

任务 4.2　社交媒体分析师:运用截词检索追踪最新的市场趋势

❈ 案例描述

假设你是一名社交媒体分析师,负责跟踪最新的市场趋势,需要在社交媒体上找到关于这个趋势的相关讨论和信息。下面我们将学习通过截词检索技术,在大量的社交媒体信息中来快速定位到相关内容,以提高分析效率。

❈ 素质目标

(1) 发扬求真务实的精神,通过学习和运用截词检索技术,提高信息检索的效率,为市场趋势分析提供更准确的数据支持。

(2) 弘扬创新精神,积极探索和运用新的信息技术,提升自己的专业能力和工作效率。

(3) 践行社会主义核心价值观,积极参与社会经济活动,为社会经济发展作出贡献。

❈ 学习目标

(1) 理解截词检索的原理和使用场景。

(2) 掌握截词检索的操作方法,提高信息检索的效率。

(3) 学会在社交媒体上运用截词检索技术,追踪最新的市场趋势。

❈ 操作步骤

(1) 登录社交媒体平台,并进入搜索页面。

(2) 在搜索框中输入需要追踪的市场趋势关键词。为了提高检索效率,可以使用截词检索技术。例如,如果想要搜索"电动汽车"的相关信息,可以输入"电动汽车 *",如图 4.6 所示。其中"*"是通配符,可以代表任意字符。

(3) 单击"百度一下"按钮,系统会返回所有包含"电动汽车""电动汽车市场""电动汽车

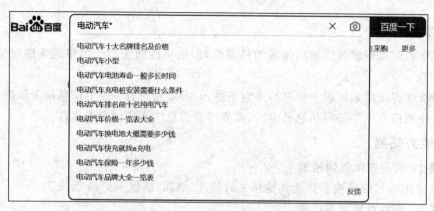

图 4.6 百度首页输入"电动汽车 *"

发展"等的相关信息,如图 4.7 所示。

图 4.7 搜索结果

(4)通过浏览搜索结果,可以快速了解到最新的市场趋势。

❋ 操作技巧

(1)截词检索技术可以提高信息检索的效率,但也可能会返回大量的无关信息,需要有一定的筛选能力。

(2)不同的社交媒体平台可能支持不同的截词检索规则,需要了解平台的检索规则才能有效使用。

(3)截词检索技术主要适用于检索具有相同前缀的关键词,对于中间或后缀的模糊检索效果有限。

❋ 能力拓展

拓展 1:运用截词检索技术

在社交媒体平台上尝试使用截词检索技术,追踪一个你感兴趣的市场趋势。

拓展 2：比较截词检索与全词检索

比较截词检索与全词检索的效果，思考在何种情况下使用截词检索更为有效。

拓展 3：应用截词检索到实际工作中

根据你的实际工作场景，思考如何利用截词检索技术提高工作效率？请描述并分享你的想法。

任务 4.3　学术研究者：使用学术检索平台检索相关的学术资源

✤ 案例描述

假设你是一名正在为毕业论文做研究的学生，需要从海量的期刊和论文中找到与你论文主题相关的学术资源。下面我们将学习通过使用学术检索平台在大量信息中来迅速找到并引用相关的学术文章，以便完成你的毕业论文。

✤ 素质目标

(1) 发扬求真务实的科研精神，把握科研规律，充分利用信息技术手段，高效便捷地寻找和引用相关论文，提升研究水平。

(2) 倡导学术诚信，严格按照科研规范引用资料，推动学术界共同健康发展。

(3) 践行社会主义核心价值观，通过学术研究深化专业知识，为国家的科学技术发展作出贡献。

✤ 学习目标

(1) 能够正确选用学术检索平台。

(2) 学习如何使用学术检索平台检索相关的学术资源。

(3) 提高论文写作的效率和质量。

✤ 操作步骤

(1) 打开常用的学术检索平台，如 CNKI（中国知网）、GoogleScholar 等，输入你的论文主题关键词。我们以 CNKI 为例，输入网址 www.cnki.net，首页出现的白色检索框为框式检索框，我们可以直接在输入框里输入检索词进行检索，如图 4.8 所示。

(2) 为了缩小检索范围，我们也可以单击左侧的"主题"一项。在"主题"的下拉菜单中选定特定的词，便可以在相应的范围内检索我们想要的内容了，如图 4.9 所示。

(3) 单击"高级检索"按钮，进入"高级检索"界面，可以筛选"主题""作者""文献来源"等，来进行更精确的检索，如图 4.10 和图 4.11 所示。

(4) 阅读检索出的论文摘要，根据摘要的信息判断这篇文章是否符合需求。

(5) 当确定一篇论文可能有用时，可以单击直接进行全文阅读，也可以保存下来方便后续写作时再进行详细阅读。

(6) 在引用论文时，要确保按照正确的格式引用，尽量使用学术指导教师推荐的引用管理软件进行管理。

图 4.8　CNKI 首页

图 4.9　"主题"菜单

图 4.10　"高级检索"按钮

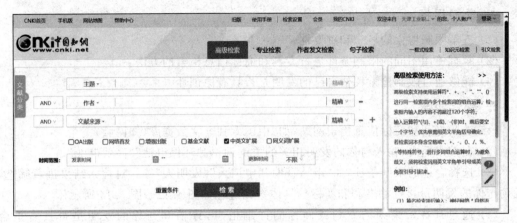

图 4.11　"高级检索"界面

✿ 操作技巧

（1）利用学术检索平台能够帮助我们快速找到相关的论文，但要注意细化关键词，防止检索出大量无关文章。

（2）关键词的设定很重要，需要合理设定检索词，可能需要使用不同检索词进行多次尝试才能找到最合适的文章。

✿ 能力拓展

拓展 1：实际操作

使用学术检索平台，根据你的论文或研究主题进行检索，列出你找到的 5 篇相关论文。

拓展 2：用自己的话总结论文主题

阅读找到的论文，尝试用自己的语言对其进行总结，并判断其是否符合你的研究需要。

任务 4.4　创新发明家：通过限制检索在专利和商标中确认你的创新是否独一无二

✿ 案例描述

假设你是一位发明家，最近创新发明了一种高效环保的新型电池。在提交专利和商标申请之前，你需要尝试使用限制检索技术在专利和商标信息库中进行查询，以确认你的发明是否具有原创性和唯一性。

✿ 素质目标

（1）倡导创新精神，通过研发新型环保电池，推动科技进步，为社会发展作出贡献。

（2）反映勤奋严谨的学习态度，积极运用信息技术，进行专利和商标信息库的查询，确定创新发明的唯一性。

（3）践行社会主义核心价值观，尊重科技成果的知识产权，做到申请自己的专利和商标，保护科技成果。

❋ 学习目标

（1）理解限制检索的概念和重要性。

（2）掌握使用不同的限制条件进行专利和商标信息检索的方法。

（3）能够通过限制检索评估自己的发明是否具有原创性。

❋ 操作步骤

（1）访问专利和商标信息检索网站，如"中国专利全文数据库（知网版）"。

（2）在搜索框内，输入与你的发明相关的关键词，如"环保电池""高效电池"。

（3）选择合适的限制条件，如"申请日期""申请人""发明人"等。对检索结果进行筛选，找到与你的发明最接近的专利和商标。具体查询过程如图 4.12～图 4.14 所示。

（4）通过查看检索到的专利或商标的详细信息，评估其与你的发明是否具有重合之处。

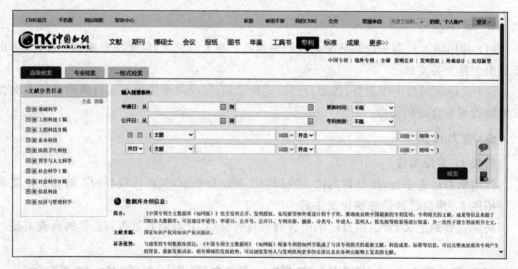

图 4.12　查询首页

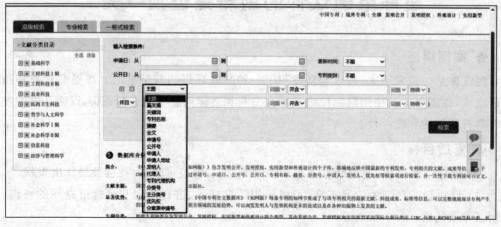

图 4.13　"主题"菜单

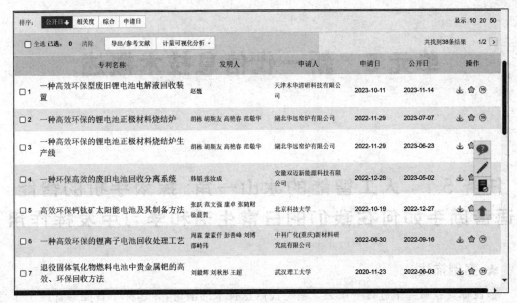

图 4.14 查询结果

（5）如果找到了与你的发明内容相似的专利或商标,那么你可能需要对你的发明进行修改,以保证其具有原创性。

✽ 操作技巧

（1）在进行限制检索时,应选择恰当的限制条件,以获取精确的搜索结果。

（2）限制检索并不能保证找出所有的相关专利和商标,有些新近提交的申请可能有一定的公开延迟。

（3）判断发明是否具有原创性,不仅要依靠专利和商标检索,还需要结合发明的科技性和实用性。

✽ 能力拓展

拓展 1：实践操作

尝试在专利和商标信息检索网站,使用限制检索找出一项相关的专利。

拓展 2：深度学习

查阅有关专利和商标检索的相关资料,了解检索技术的更多细节。

拓展 3：实际应用

思考在你的日常生活或工作中,如何运用限制检索技术进行问题解决。请描述并分享你的想法。

单元 5　新一代信息技术概述

任务 5.1　人工智能的冰山一角：探索手机的智能语音助手如何在我们的日常生活和学习中发挥作用

❄ **案例描述**

假设你要在班会中进行一次关于新一代信息技术的演讲，并选择了智能语音助手作为主题，因为你认为这是一个非常实用且与日常生活紧密相关的技术。你需要使用手机的智能语音助手，例如，Siri、小爱同学或者小艺小艺，来完成一系列的任务，如查询天气、设置闹钟、发送信息、播放音乐等。在这个过程中，你将了解智能语音助手的工作原理，包括语音识别、自然语言处理和人工智能等技术。同时，你也将了解如何通过有效地使用智能语音助手来提高日常生活和学习的质量。

❄ **素质目标**

（1）发扬科学精神，通过使用智能语音助手技术，获取和分析日常生活和学习的相关信息，为生活提供便利。

（2）弘扬实事求是的精神，对获取的信息进行严谨的分析和评估，避免受到错误信息的误导。

（3）践行社会主义核心价值观，积极学习和使用科学技术，为我国科技发展和人民生活质量的提高作出贡献。

❄ **学习目标**

（1）理解智能语音助手的原理和使用方法。

（2）掌握智能语音助手的使用技巧，提高日常生活和学习的效率。

（3）学会利用智能语音助手获取和分析日常生活和学习的相关信息。

❄ **操作步骤**

（1）打开手机的智能语音助手。

（2）尝试使用智能语音助手完成一些日常任务，例如，查询天气、设置闹钟、发送信息、播放音乐等。

（3）注意智能语音助手的反馈，了解其如何理解和处理你的指令。

（4）尝试使用不同的表达方式，观察智能语音助手的反应是否有所不同。

（5）思考并记录下智能语音助手在处理你的指令时的优点和缺点。

❋ 操作技巧

(1) 智能语音助手可以提高我们日常生活和学习的效率,但也可能因为理解错误或者操作失误而导致问题。

(2) 使用智能语音助手时,需要注意保护个人隐私和信息安全。

❋ 能力拓展

拓展 1:使用智能语音助手完成复杂任务

尝试使用智能语音助手完成一些复杂的任务,例如,在线购物、预订餐厅或者查询路线等。

拓展 2:了解其他人工智能

谈谈你了解的人工智能都有哪些?根据你的了解写一篇报告。

任务 5.2　物联网的生活应用:探索智能家居如何改变我们的生活

❋ 案例描述

假设你是一位室内装修设计师,根据客户要求你需要帮助客户设计出一套智能家居环境,让客户能用手机远程控制家里的电器,同时设置一些自动化的操作。例如,在回家时自动打开空调和热水器、自动开灯等。通过这个实践活动,你将了解物联网和智能家居的基本原理和使用方法,并掌握其优点和局限性,物联网的生活应用场景如图 5.1 所示。

图 5.1　物联网的生活应用场景

❋ 素质目标

(1) 发扬创新精神,勇于接受和应用新的科技成果,改善我们的生活方式。

(2) 坚持科学发展观,通过实际应用来理解和评价物联网技术,促进科技的健康发展。

(3) 弘扬人民至上的价值观,用科技的力量服务于人民的生活,提升生活品质。

❋ 学习目标

(1) 理解物联网和智能家居的基本原理和使用方法。

（2）掌握如何利用物联网技术改变生活方式，提高生活的便捷性和舒适性。

（3）了解智能家居的优点和局限性，明白科技应用的实际影响。

❋ 操作步骤

（1）了解客户的具体需求和生活习惯，如他们希望通过手机控制哪些家用电器，有哪些常见的自动化需求等。

（2）研究和选择适合的智能家居设备，如智能插座、智能灯泡、智能热水器、智能门锁等。注意设备的性能、品质、兼容性和安全性。

（3）设计一套完整的智能家居方案，包括设备选择、布局规划、网络连接、手机控制等。确保方案既能满足客户的需求，又能保证易用性和安全性。

（4）与客户沟通确认方案，然后购买并安装设备，设置网络连接和手机控制。

（5）为客户演示和讲解如何使用这些设备，如何通过手机远程控制，如何设置自动化操作等。注意让客户理解和熟悉整个系统的操作。

（6）跟进客户的使用情况，根据实际情况调整和优化方案。例如，如果发现某个自动化设置并不适合客户的生活习惯，就需要及时调整。

（7）记录并反思你的实践过程，总结你在物联网和智能家居设计中的经验和教训。

❋ 操作技巧

（1）物联网设备可能存在安全风险，使用时应确保设备的安全性，并妥善保管个人信息。

（2）智能家居设备可能存在兼容问题，购买和使用时需要注意。

（3）不要过度依赖智能家居设备，还要保持自我操作的能力。

❋ 能力拓展

拓展1：设计自己的智能家居方案

根据你的生活需求和设备条件，设计一套完整的智能家居方案。

拓展2：讨论智能家居的社会影响

思考并讨论智能家居的普及可能会对社会生活造成什么样的影响，包括正面影响和负面影响。

任务 5.3　数字人民币的探索：理解区块链技术如何支持数字货币

❋ 案例描述

假设你是一位经济学的新生，近期你接触到了关于数字货币的概念。你很感兴趣并决定深入了解其中的原理，尤其是中国正在推动的数字人民币。本节将探索数字人民币的运行机制，特别是了解区块链技术是如何支持其运行的，并了解其与传统货币的异同。通过这个过程，我们将能够理解数字货币和区块链技术的基本原理，了解其对经济、社会等方面的潜在影响。

❈ **素质目标**

(1) 坚守科学求真的精神,深入理解数字货币和区块链技术的原理,明确其实际应用和可能面临的挑战。

(2) 践行社会主义核心价值观,积极学习和掌握新技术,为我国的数字经济发展作出贡献。

❈ **学习目标**

(1) 理解数字货币和区块链的基本原理。

(2) 了解数字人民币的运行机制和应用场景。

(3) 探索区块链技术在数字货币,尤其是数字人民币中的作用。

❈ **操作步骤**

(1) 了解货币的基本概念和功能,以及传统货币的存在形式。

(2) 学习区块链的基本原理,包括其是如何保证交易的安全性和透明性的。

(3) 研究数字货币的原理,特别是数字人民币的设计和运行机制。

(4) 了解区块链在数字人民币中的应用,是如何支持其运行的。

(5) 探索数字人民币的应用场景,理解其对社会经济活动的影响。

(6) 思考和讨论数字人民币的前景和挑战,包括它可能带来的经济和社会影响。

❈ **操作技巧**

(1) 虽然区块链技术为数字货币提供了支持,但是在实际应用中还需要考虑诸多因素,如监管、隐私保护、技术储备等。

(2) 要区分数字货币和虚拟货币的区别,虚拟货币如比特币不受任何政府或者中央银行的监管,而数字人民币是由中国人民银行发行和管理的。

❈ **能力拓展**

拓展 1:比较不同的数字货币

研究并比较数字人民币和其他类型的数字货币,如比特币、以太坊等,了解它们的相似之处和差异。

拓展 2:讨论区块链的其他应用

除了数字货币,区块链还有其他许多应用,如供应链管理、资产证明等,可以深入了解并讨论。

拓展 3:思考数字货币的未来

思考并讨论数字货币,尤其是数字人民币未来可能的发展趋势和挑战。

任务 5.4　制造业的智能化:了解新一代信息技术如何推动制造业的发展

❈ **案例描述**

假设你是一位信息技术专业的学生,你的课题研究是智能化制造。你的任务是通过互联网和现有的学习资源,了解如何使用新一代信息技术,包括大数据、人工智能、云计算、物联网等,来推动制造业的发展。你需要理解这些技术在制造业中的应用和效果,了解其优点和挑战,并理解其对中国制造业和全球制造业的影响。制造业中的智能智造技术如图5.2所示。

图 5.2 智能智造技术

✱ 素质目标

(1)秉持创新创业的精神,主动学习和掌握新一代信息技术,推动制造业的发展。

(2)弘扬实事求是的精神,对新一代信息技术在制造业中的应用进行深入研究,了解其实际效果和可能存在的挑战。

(3)践行社会主义核心价值观,积极参与到制造业的发展中,为我国制造业的升级和转型作出贡献。

✱ 学习目标

(1)理解新一代信息技术的基本原理和特点。

(2)了解新一代信息技术在制造业中的应用,理解其优点和可能存在的挑战。

(3)深入探讨新一代信息技术对中国制造业和全球制造业的影响。

✱ 操作步骤

(1)学习和理解新一代信息技术的基本原理和特点,包括大数据、人工智能、云计算、物联网等。

(2)研究这些技术在制造业中的应用,理解其是如何改进生产流程的,如提高效率,减少错误,增加灵活性等。

(3)分析这些技术在制造业中的优点和挑战,比如它们是如何帮助制造业提高产品质量和生产效率,降低成本的,以及它们可能面临的在技术、管理、安全等方面的挑战。

(4)探讨新一代信息技术对中国制造业和全球制造业的影响,理解其是如何推动制造业的升级和转型的,以及可能造成的社会、经济影响。

(5)思考和讨论如何通过更好地应用新一代信息技术来推动制造业的发展,提出你的观点和建议。

✱ 操作技巧

(1)虽然新一代信息技术有很大的潜力,但在实际应用中可能面临在技术、管理、安全等方面的挑战。

(2) 新一代信息技术的应用需要大量的投资和时间，可能会影响短期的经济效益。

(3) 在推动制造业发展的同时，也需要注意其可能带来的社会问题，如就业结构的改变等。

✲ 能力拓展

拓展1：研究一个具体的案例

选择一个制造业企业，研究它是如何应用新一代信息技术的，并分析其效果和总结经验教训。

拓展2：讨论新一代信息技术的未来发展

思考并讨论新一代信息技术，特别是在制造业中其未来可能的发展趋势和挑战。

单元 6　信息素养与社会责任

任务 6.1　数字世界的导游：探索信息技术的发展史

✤ 案例描述

假设你是一位数字科技博物馆的策展人，正在为一场名为"信息技术的发展历史"展览准备素材。你的任务是收集关于各个时期信息技术发展的资料，并整理成一份演示文稿，用于指导参观者了解信息技术的演变过程。

✤ 素质目标

（1）对信息技术发展的理解和研究，应基于对国家的忠诚和对社会主义核心价值观的坚持。

（2）坚持绿色环保，合理使用电子设备，避免电子垃圾的产生。

（3）在研究和分析 IT 企业的过程中，应尊重知识产权，反对商业间谍和窃取商业机密的行为。

✤ 学习目标

（1）了解信息技术的基本概念及其发展历史。

（2）学习如何收集、整理和呈现关于信息技术发展历史的资料。

（3）了解并分析知名 IT 企业的兴衰变化过程，以及这些变化对行业和社会的影响。

✤ 操作步骤

1. 研究信息技术发展历史

从图书馆、互联网和其他资源中搜索和收集信息技术发展的相关资料。

整理资料，按照时间线列出重要的里程碑事件。

以通过互联网搜索"信息技术发展历史"为例，进行搜索，如图 6.1 所示。

2. 使用 WPS 演示整理和制作演示文稿

打开 WPS 演示并创建新的项目，如图 6.2 所示。

根据你收集和整理的资料，设计并填充演示文稿内容，如图 6.3 所示。

3. 分析知名 IT 企业的兴衰变化过程

深入研究一些知名 IT 企业，如华为、腾讯、阿里巴巴，以及 IBM 和 Microsoft 的发展历程。

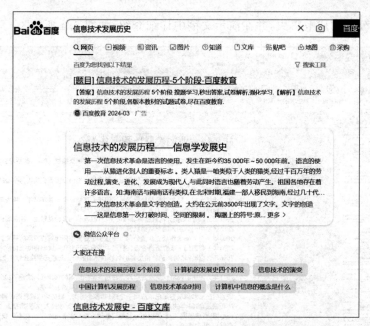

图 6.1　互联网搜索"信息技术发展历史"

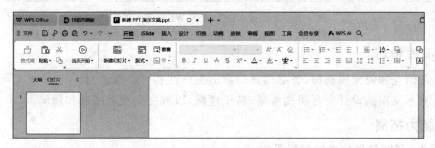

图 6.2　新建 WPS 演示文稿

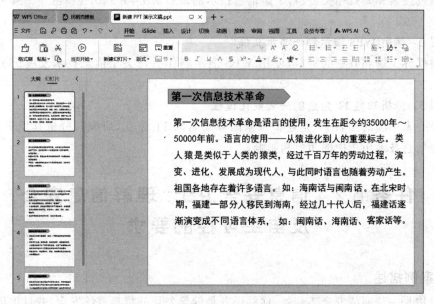

图 6.3　根据搜索结果填充 WPS 演示文稿

分析这些公司的成败得失，并在演示文稿中详细介绍，如图 6.4 所示。

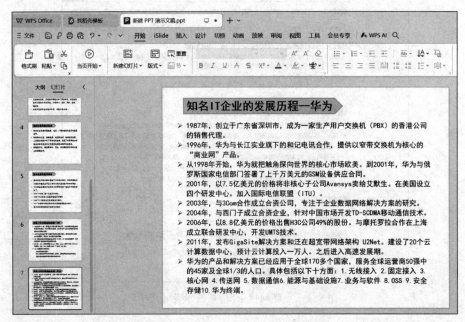

图 6.4　根据搜索结果完善 WPS 演示文稿

❋ 操作技巧

（1）在研究和收集资料时，务必验证信息的准确性和可靠性。

（2）演示文稿的设计应尽可能清晰，易于理解，以方便参观者阅读和理解。

❋ 能力拓展

拓展 1：了解信息技术的发展历史

请通过搜索和阅读相关资料，了解信息技术的发展历史，并列出至少五个重要的里程碑事件。

拓展 2：使用 WPS 演示制作演示文稿

请根据你了解和收集的资料，使用 WPS 演示制作一份关于信息技术发展历史的演示文稿。

拓展 3：分析知名 IT 企业的兴衰变化过程

选择一家中国的知名 IT 企业和一家国际知名的 IT 企业，研究并分析其发展历程，以及它们在信息技术历史中的角色和影响。

任务 6.2　信息安全卫士：理解信息安全及自主可控的要求

❋ 案例描述

假设你是一位网络安全工程师，你的任务是确保公司的信息系统安全，并且保证其符合相关的安全标准和法规。你需要了解信息安全的基本概念,理解如何维护信息系统的安全,以及掌握信息自主可控的要求。

✤ 学习目标

(1) 了解信息安全的基本概念及主要要素。

(2) 掌握如何维护信息系统的安全。

(3) 了解信息自主可控的要求。

✤ 素质目标

(1) 坚持社会主义核心价值观,尊重和保护信息权益,维护网络安全,打造清朗的网络空间。

(2) 贯彻自主创新,自主可控的发展策略,推动我国信息技术的独立自主发展。

✤ 操作步骤

1. 学习信息安全的基本概念

通过查阅相关书籍或网络资源,了解信息安全的定义和内容,如图 6.5 所示。

> 信息安全的定义是:为数据处理系统建立和采用的技术、管理上的安全保护,为的是保护计算机硬件、软件、数据不因偶然和恶意的原因而遭到破坏、更改和泄露。
>
> 信息安全主要包括以下五方面的内容,即需保证信息的保密性、真实性、完整性、未授权拷贝和所寄生系统的安全性。信息安全学科可分为狭义安全与广义安全两个层次,狭义的安全是建立在以密码论为基础的计算机安全领域;广义的信息安全是一门综合性学科,从传统的计算机安全到信息安全,安全不再是单纯的技术问题,而是将管理、技术、法律等问题相结合的产物。

图 6.5　信息安全的定义和内容

分析信息安全的主要威胁和风险,如图 6.6 所示。

> 1.基础信息网络和重要信息系统安全防护能力不强。主要表现在:
> ① 重视不够,投入不足。
> ② 安全体系不完善,整体安全还十分脆弱。
> ③ 关键领域缺乏自主产品,高端产品严重依赖国外,无形埋下了安全隐患。
> 2.失、泄密隐患严重。
> 3.人为恶意攻击。攻击者常用的攻击手段有木马、黑客后门、网页脚本、垃圾邮件等。
> 4.信息安全管理薄弱。但这些威胁根据其性质,基本上可以归结为以下几个方面:信息泄露;破坏信息的完整性;拒绝服务;非法使用;窃听;业务流分析;假冒;旁路控制;授权侵犯;抵赖;计算机病毒;信息安全法律法规不完善。

图 6.6　信息安全的主要威胁和风险

2. 维护信息系统的安全

根据公司的信息安全策略,了解如何防止网络攻击和数据泄露,如图 6.7 所示。

学习如何配置防火墙和其他安全工具,以保护公司的信息系统,如图 6.8 所示。

设置强密码；定期更换密码；使用安全软件；谨慎处理个人信息；谨慎对待邮件和链接；定期备份数据；及时更新系统和软件；使用安全的网络连接；保护移动存储介质；不随意点击链接。

图 6.7　防止网络攻击和数据泄露

1.Windows 操作系统　Windows Defender 防火墙（适用于 Windows 10 和 Windows 11）：

（1）打开"开始"菜单，搜索"控制面板"并打开。

（2）在控制面板中，找到"系统和安全"选项，单击进入。

（3）在"系统和安全"窗口中，找到"Windows Defender 防火墙"选项，单击进入。

（4）在这里，您可以开启或关闭 Windows Defender 防火墙，也可以进行高级设置。

高级设置：

（1）在"Windows Defender 防火墙"窗口中，单击左侧的"高级设置"。

（2）在新窗口中，您可以对入站规则和出站规则进行更详细的配置。

（3）单击左侧的"入站规则"或"出站规则"，然后单击右侧的"新建规则"，按照向导创建新规则。

2.Mac 操作系统：

（1）打开"系统偏好设置"，单击"安全性与隐私"。

（2）在"防火墙"选项卡中，单击右下角的锁图标以解锁设置。

（3）输入管理员密码以确认操作。

（4）在防火墙设置中，您可选择开启或关闭防火墙，也可以单击"高级"进行更多设置。在高级设置中，您可以配置允许哪些应用程序接收传入的网络连接。

图 6.8　设置防火墙

3．理解信息自主可控的要求

通过阅读相关法规和标准，了解信息自主可控的基本要求。

学习如何在实际工作中实施这些要求，以确保公司的信息系统自主可控，如图 6.9 所示。

（1）信息自主可控的含义：信息安全领域的技术和产品，能自主的就要尽最大可能实现自主；不能自主的，必须保证它是可控可知的，即要对信息安全技术与产品的风险、漏洞、隐患、潜在问题做到"心中有底、手中有招、控制有道"。

（2）实现自主可控的措施：1.加强重视，应用系统建设与信息安全建设并重。2.加强政策引导，为信息安全设备的采购提供政策导向、标准体系。3.加强管理监控，有效治理分发式安全威胁，提高可控性。4.加强自主研发，提升信息化自主研发创新能力。

（3）自主可控的重要意义：1.可避免分发式安全威胁。2.可封堵信息安全漏洞。3.是行业信息化发展的长远战略需要。

图 6.9　信息自主可控

✿ 操作技巧

（1）在学习和实施信息安全时，必须遵守相关的法律和规定。

（2）对于复杂的信息安全问题，可能需要求助于专业的安全工程师或咨询公司。

❖ **能力拓展**

拓展 1：了解信息安全的基本概念

请查阅相关资料，了解信息安全的基本概念，包括信息安全的定义、主要威胁和保护措施等。

拓展 2：学习如何维护信息系统的安全

请尝试配置一款防火墙或其他安全工具，以了解如何保护信息系统的安全。

拓展 3：理解信息自主可控的要求

请阅读《网络安全法》等相关法规，了解信息自主可控的要求，并思考在实际工作中如何实施这些要求。

任务 6.3　虚假信息识别专家：掌握信息伦理知识，辨别虚假信息

❖ **案例描述**

假设你是一家新闻机构的编辑，每天都要面对大量的信息流，其中不乏虚假信息混入，你需要有足够的能力辨别真假信息，确保传递给公众的新闻内容真实准确。同时，你也需要理解和遵守新闻伦理，以保障公众的知情权。在这个实践活动中，你将学习和掌握信息伦理的基础知识，并学习如何辨别虚假信息。

❖ **素质目标**

(1) 坚持社会主义核心价值观，遵守新闻伦理，维护真实、公正、公开的新闻报道原则。

(2) 提倡批判性思维，坚决抵制和打击虚假信息，维护良好的信息环境。

❖ **学习目标**

(1) 了解信息伦理的基本概念和原则。

(2) 掌握辨别虚假信息的方法和技巧。

(3) 理解新闻伦理在实践中的应用。

❖ **操作步骤**

1. 学习信息伦理的基本概念和原则

通过阅读相关书籍或在线课程，理解信息伦理的基础概念和基本原则，如图 6.10 所示。

深入探讨新闻伦理在编辑工作中的应用，如图 6.11 所示。

2. 掌握辨别虚假信息的方法和技巧

了解虚假信息的概念以及常见类型和特点，如图 6.12 所示。

学习和应用各种信息验证工具，例如反向搜索图片、检查来源网站的可信度等，如图 6.13 所示。

3. 应用信息伦理原则，辨别虚假信息

根据信息伦理的原则，评估现有的新闻报道是否真实。

　　信息伦理的概念：信息伦理，是指涉及信息开发、信息传播、信息的管理和利用等方面的伦理要求、伦理准则、伦理规约，以及在此基础上形成的新型的伦理关系。信息伦理又称信息道德，它是调整人们之间以及个人和社会之间信息关系的行为规范的总和。

　　信息伦理的内容：信息伦理不是由国家强行制定和强行执行的，是在信息活动中以善恶为标准，依靠人们的内心信念和特殊社会手段维系的。信息伦理结构的内容可概括为两个方面和三个层次。

　　（1）两个方面，即主观方面和客观方面。前者指人类个体在信息活动中以心理活动形式表现出来的道德观念、情感、行为和品质，如对信息劳动的价值认同，对非法窃取他人信息成果的鄙视等，即个人信息道德；后者指社会信息活动中人与人之间的关系以及反映这种关系的行为准则与规范，如扬善抑恶、权利义务、契约精神等，即社会信息道德。

　　（2）三个层次，即信息道德意识、信息道德关系、信息道德活动。

图 6.10　信息伦理的概念和内容

　　新闻伦理即新闻职业道德，主要是指新闻媒体及新闻工作者在长期的职业实践中出于自律的需求而形成的行为规范或准则。新闻伦理涵盖的范围包括新闻工作者的职业道德、价值取向以及伦理规范。在编辑新闻时恪守新闻伦理，才能报道出更真实、客观的新闻。

图 6.11　新闻伦理

虚假信息就是不真实、有着很大负面影响的信息。
虚假信息的特点：（1）"标题党式"浮夸成"造假"重灾区。
　　　　　　　　（2）借助网络传播速度更快、影响范围更广。
　　　　　　　　（3）网络推手是"流水线式"造假大户。
　　　　　　　　（4）呈散布型网状传播结构。
　　　　　　　　（5）大众可能不经意间就参与了网络虚假信息的传播。

图 6.12　虚假信息的概念和特点

1．虚假或误导性文章。
　（1）多加思考，对新信息持怀疑态度。
　（2）核实信息来源和发布日期。
　（3）查询原作者信息。
　（4）搜索该信息的其他来源。
　（5）注意那些会引发强烈情绪反应的信息。
　（6）注意文章中是否有骇人听闻或者阴阳怪气的语言。
2．虚假的图片。
　（1）仔细检查引述，看是否准确。
　（2）在事实核查网站上查询。
　（3）放大图片，寻找关于实际地点的线索。
　（4）反向图片搜索，找出图片原始出处。
3．机器人账号或虚假账号。
　（1）检查用户名是不是随机的字母和数字。
　（2）查看账号简介，看是否与账号活动相符。
　（3）尽可能找出账号的创建时间。
　（4）反向搜索个人资料页的图片，判断是不是假账号。
　（5）查看用户活动是否可疑。

图 6.13　虚假信息的辨别

如果发现虚假信息,应及时将其纠正或删除,确保传递给公众的信息是准确的。

✿ 操作技巧

(1) 在辨别虚假信息时,要保持谨慎和批判性思维,不要轻易相信未经验证的信息。

(2) 信息伦理的理解和应用需要根据实际情况灵活变通。

✿ 能力拓展

拓展 1:理解信息伦理的基本原则

请查阅相关资料,理解信息伦理的基本原则,思考这些原则在你的工作中的应用。

拓展 2:学习辨别虚假信息的方法

请查找一些虚假信息的例子,尝试使用所学的方法和工具来验证这些信息的真实性。

拓展 3:应用信息伦理原则,辨别虚假信息

请收集一些新闻报道,尝试应用信息伦理原则来评估这些报道的真实性。

任务 6.4　职业发展规划师:了解在不同行业内的发展的共性途径和工作方法

✿ 案例描述

假设你是一名职业发展规划师,你的任务是了解各行业,特别是信息技术行业内的职业发展途径,以及不同行业内的工作方法,研究并找出各行业之间的共性和差异性,以便给求职者和行业转型者提供有针对性的建议。

✿ 素质目标

(1) 坚持社会主义核心价值观,尊重每个人的职业选择,鼓励人们根据自己的兴趣和能力选择职业,实现个人价值。

(2) 倡导科学精神,鼓励学生通过科学的方法进行研究,寻求真理。

✿ 学习目标

(1) 了解和研究在信息技术行业内的不同职业发展途径。

(2) 研究并了解在不同行业内工作的常见方法和技能要求。

(3) 分析并找出不同行业之间的共性和差异性。

✿ 操作步骤

1. 研究信息技术行业的职业发展途径

阅读相关行业报告和资料,了解信息技术行业的职业发展路径,如图 6.14 所示。

对话或访问行业内的专业人士,以深入了解职业发展的实际情况。

2. 了解不同行业内工作的常见方法和技能要求

选择几个不同的行业进行研究,了解他们的工作方法和技能要求。

阅读行业报告、参加相关论坛和研讨会,以了解不同行业的最新发展趋势,如图 6.15 所示。

信息技术产业主要包括三个产业部门：

①信息处理和服务产业，该行业的特点是利用现代的电子计算机系统收集、加工、整理、储存信息，为各行业提供各种各样的信息服务，如计算机中心、信息中心和咨询公司等。

②信息处理设备行业，该行业特点是从事电子计算机的研究和生产(包括相关机器的硬件制造)计算机的软件开发等活动，计算机制造公司，软件开发公司等可算作这一行业。

③信息传递中介行业，该行业的特点是运用现代化的信息传递中介，将信息及时、准确、完整地传到目的地点。因此，印刷业、出版业、新闻广播业、通讯邮电业、广告业都可归入其中。

图 6.14　信息技术行业的从事领域

1. 机械制造行业：车、钳、刨、铣、磨。

2. 机械制造业发展前景。

(1) 集成化：随着21世纪的到来，计算机集成制造逐渐成为机械制造行业中，最为常见的生产形式。计算机集成制造可以集成企业中存在一定关联的各个系统。

(2) 智能化：机械制造行业中智能机械的工作形式表现为智能系统，智能系统能够通过分析生产现状，并根据分析结果进行智能化管理。

(3) 敏捷化：反应能力是否敏捷是判断机械制造业竞争实力的重要标准之一，因此机械制造企业必须提高自己的反应能力。

(4) 虚拟化：虚拟制造理论是本世纪出现的一种新型制造理论。所谓虚拟制造，指的是在研发过程中利用计算机仿真技术和系统建模技术，使信息技术与机械制造工艺有效结合在一起。虚拟制造技术主要以计算机仿真技术和信息技术为主。

信息技术产业将培育人工智能、移动智能终端、第五代移动通信、先进传感器等作为新一代信息技术产业创新发展的重点，以拓展新兴产业发展空间。当前，信息技术发展的总趋势是从典型的技术驱动发展模式向应用驱动与技术驱动相结合的模式转变。①高速度、大容量。速度和容量是紧密联系的，鉴于海量信息四处充斥的现状，处理高速、传输和存储要求大容量就成为必然趋势。②集成化和平台化。以行业应用为基础的，综合领域应用模型、云计算、大数据分析、海量存储、信息安全、依托移动互联的集成化信息技术的综合应用是目前的发展趋势。③智能化。④虚拟计算。在计算机领域，虚拟化这种资源管理技术，是将计算机的各种实体资源，如服务器、网络、内存及存储等，抽象、规范化并呈现出来的一种技术。它打破实体结构间的不可切割的障碍，使用户可以用比原本的组态更好的方式来使用这些资源。

图 6.15　机械行业、信息技术行业的最新发展趋势

3. 分析并找出不同行业之间的共性和差异性

对比各行业的工作方法、技能要求和发展路径，找出他们之间的共性和差异性。

总结这些信息，并以报告或演讲的形式分享你的研究成果。

❈ 操作技巧

(1) 在研究过程中，应保持开放和客观的态度，避免因个人偏见影响研究结果。

(2) 研究的行业应具有代表性，以确保研究结果的广泛适用性。

❈ 能力拓展

拓展 1：选择几个你感兴趣的行业，进行详细的研究，了解其职业发展路径和常见的工

作方法。

　　拓展 2：模拟一个求职者或者行业转型者，根据你的研究结果，为他/她规划一条职业发展路径。

　　拓展 3：创建一个工作方法和技能要求得比较表，用来总结和比较不同行业的共性和差异性。

参 考 文 献

[1] 赖利君.Office 2016 办公软件案例教程：微课版[M].北京：人民邮电出版社,2021.

[2] 李小强.信息技术基础[M].北京：中国财政经济出版社,2021.

[3] 郭长庚,刘树聃.信息技术[M]北京：北京邮电大学出版社,2022.

[4] 黎建锋,杨克玉,王磊.计算机应用基础[M].3 版.北京：教育科学出版社,2019.